The Bizarre and Incredible World of Plants

植物的
異色世界

大石文化 Boulder Publishing

The Bizarre and Incredible World of Plants

植物的異色世界

沃夫岡・史督匹　羅伯・凱斯勒　梅德琳・哈里 著

彭鏡毅 序　鍾慧元 翻譯　陳志雄 審定

大石文化 Boulder Publishing

作　者：沃夫岡‧史督匹　羅伯‧凱斯勒
　　　　梅德琳‧哈里

翻　　譯：鍾慧元

審　　定：陳志雄

總 編 輯：張東君

責任編輯：金智光

美術編輯：徐曉莉

發行人：李永適

出版者：大石國際文化有限公司

地　址：台北市羅斯福路4段68號12樓之27

電　話：（02）2363-5085

傳　真：（02）2363-5089

2011年（民100）3月初版

定價：新台幣850元

本書正體中文版由 Papadakis Publisher

授權大石國際文化有限公司出版

ISBN：978-986-869-270-1（精裝）

總代理：大和書報圖書股份有限公司

地　址：台北縣新莊市五工五路 2 號

電　話：（02）8990-2588

傳　真：（02）2299-7900

國家圖書館出版品預行編目（CIP）資料

植物的異色世界 The Bizarre and Incredible
World of Plants/
史督匹、凱斯勒、哈里 作－初版
鍾慧元 翻譯
－ 臺北市：大石國際文化，民100.03
144頁；25×25公分
含索引
譯自：The Bizarre and Incredible World of Plants
ISBN：978-986-869-270-1（精裝）
1. 植物分類　2. 微觀攝影

THE BIZARRE AND INCREDIBLE WORLD OF
PLANTS

Copyright © Wolfgang Stuppy, Rob Kesseler,
Madeline Harley and Papadakis Publisher, London

A member of New Architecture Group Ltd.

www.papadakis.net

First published in Great Britain by Papadakis
Publisher in 2009

Chinese translation rights © 2011 Boulder
Publishing Co., Ltd. (Taiwan)

Editorial and Design Director: Alexan-
dra Papadakis

Editor: Sheila de Vallée

Editorial Assistant: Sarah Roberts

Intern: Naomi Doerge

目次

薦序

工似乎是近代科學發展的必然，但無形中也讓不同領域的對話漸行漸遠；在傳統教育體系下，自
文藝術的學習歷程對多數人而言早在高中時期就已分流，二者自此成為沒有交集的平行線。幸得
顛覆傳統之勢，結合植物學家扎實的學院知識與藝術家的曼妙巧手，將光學或電子顯微鏡的黑白
以藝術角度呈現，頓時間，多數人緣慳一面的顯微世界昇華至「橫看成嶺側成峰，遠近高低各不
境域，並以如此優雅的姿態在讀者眼前爭奇鬥豔。

謹於此，本書並未遠離傳遞植物學知識的初衷：從生殖演化著手，配合繽紛的色彩與玲瓏有緻的
大自花朵與其中構造，小至微塵般的花粉或孢子，就其形態或傳播乃至萌發，娓娓道來；並以珠
隱喻蕨類或種子植物的世代交替。雖然相同的情節在各類植物傳宗接代的舞台不斷上演，但其花
子的形態卻是繽紛多姿、變化萬千，這些變異遂成為植物科學分類的依據，而本書更進一步地透
對比與光影變化提供讀者們豐盛的視覺饗宴。

物找尋另一半曲折離奇的故事，為自然界的授粉機制與生態意涵寫下新的扉頁；不論是情人眼
施，抑或女為悅己者容，作者深入淺出地從花朵與授粉者的相對視野，引介其間共同演化的關
粉如能成功，果實或種子如能順利成熟，它們還將經歷一趟艱辛的傳播旅程：為確保能夠抵達
一代安家立命的落腳處，許多果實與種子或帶鉤或具翅，不但具有機械功能，而且符合空氣動
理。作者巧妙地呈現種子外表繁複精美的工程結構，使我們不得不讚歎自然造物譜下生命樂章
。

如作者所言，植物世界存在著絢爛的色彩與精巧的結構，雖然它們大多並非肉眼可及，但卻是創
蠻起生命的基礎。本書作者透過異業結合的巧手，讓植物與藝術自然對話，使普羅大眾在了解欣
世界奧秘的同時，也享受了一場結合光影、結構與綺麗色彩的奇幻冒險，一舉拉近了植物與藝術
域的藩籬。本書確是一本精彩可期，令人愛不忍釋的藝術科學讀物，故樂為之序。

中央研究院生物多樣性研究中心研究員兼博物館主任

彭鏡毅 謹識

中文版序

　　看到我們這本關於植物世界奇事妙聞的書要出中文版了，我們真的非常、非常高興。中文和我們使用的西方語言極為不同，使用它的人口超過10億。我們記錄下來的這些關於多采多姿的地球生命，還有它們不可思議的美麗、精緻與脆弱的種種訊息，竟然能傳達到遠東世界，讓我們三人都感到興奮不已。我們很幸運能捕捉到植物微觀世界中的種種精采畫面，而畫面是不需要文字，就能讓所有人都能了解的另一種語言。不過，我們當然也希望中文讀者們會覺得書中對自然界的科學觀點與闡述也一樣有趣而引人入勝。

　　理所當然的，植物和人類大不相同，並且自有一套生活方式。即使是研究植物許多年的科學家，在顯微鏡底下觀察花粉、果實和種子的時候，還是會忍不住發出讚嘆。它們的結構和圖案複雜多樣，通常美不勝收、難以形容，這是經過幾百萬年的歲月演化出來的結果，而且彷彿變化萬千、無窮無盡。最發人深省的一點，就是不管我們身在何處，這美妙的一切也永遠環繞著我們，儘管有些地方擁有的總是比其他地方更多。英國約有1500種原生植物，但台灣卻是超過4000種原生植物的家，而其中還有超過1000種是地球上其他地方找不到的。台灣的植物多樣性極高、又極為獨特，讓台灣成了植物學家的天堂。台灣能擁有如此豐富繁茂的植被，是因為有溫暖的洋流經過、而北回歸線也穿過台灣。結果台灣屬於亞熱帶氣候，而最南端的地區，甚至是熱帶氣候。再加上台灣具備各式各樣的地形：包括海岸平原、到擁有東亞最高峰——3952公尺的玉山的中央山脈，繁複的地形為動植物提供了許多不同的生態棲位。棕櫚、竹子和相思樹，為低海拔地區的景觀增添了幾許熱帶風情，而高山地區的植物相特徵卻彷彿喜馬拉雅山，長著杜鵑花和針葉樹。

　　多虧台灣有這麼豐富的植物相多樣性，我們書中描述過的多種花粉、種子和果實，在台灣若不是能找到一模一樣的、就是找得到非常類似的。最讓人驚艷、也最容易觀察的例子之一，就是石竹科（Caryophyllaceae）的植物。這一科的植物不但有美麗的花朵，某些還會結出可說是植物界最精雕細琢的種子。最棒的是這些種子體積夠大，只要用放大鏡就能看到它們的美。

　　希望我們的書不只能啟發小朋友，也能啟發大朋友，讓讀者自然而然的愛上自然界各式各樣的生命——不管是植物，還是動物——因為就是和這些生命共同攜手，我們才能在這個星球上創造生命的奇蹟。

沃夫岡・史督匹　羅伯・凱斯勒　梅德琳・哈里

2011年2月

前言

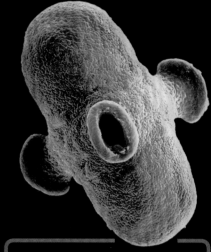

在久遠得難以想像的6億年前，植物率先征服了地球上的陸地。從早期產生孢子、類似現今苔蘚和蕨類的植物開始，經過2億4000萬年才演化出花粉與種子，而這也是地球上一切生命的歷史中極為關鍵的兩項革新。種子植物在過去3億6000萬年間仍然不斷演化。為確保自己的存續，植物發展出許多神奇的適應方式，改變了自己的花朵、花粉、種子與果實，它們進行有性繁殖的方式，簡直到了完美的境地。我們之前在同一系列的三本書中，探索了植物私密生活中的科學、自然史與藝術之美。一位藝術家（羅伯·凱斯勒）和兩位科學家（瑪德琳·哈里和沃夫岡·史督匹）結合彼此專長，創作了三本書：《花粉——植物的秘密性生活》，《種子——生命的時光膠囊》以及《果實——能吃不能吃的種種驚奇》。而《植物的異色世界》這本書將植物生命中某些巧妙隱藏（透過光學和電子顯微鏡才能揭露），卻攸關生存的部分呈現在你眼前。迄今為止，除了科學家，幾乎沒有人認識到這些部分。

藝術科學

在20世紀中期之前，曾經興起過一股欣賞、熱愛植物的風潮，所有對植物細心觀察的人，包括藝術家與工匠，都參與了這股熱潮。當時許多認真的業餘愛好者協助、甚至挑戰了早期植物研究者的科學研究。這些植物研究者，當時多半被稱為「博學者」（polymaths）。至於「科學家」一詞則是20世紀晚期流行開來的一個冰冷稱號，這個稱呼往往使人們在心裡劃出一條不切實際的鴻溝，將一般性的觀察與思考能力，和之後應該如何描述與記錄這些觀察之間截然劃分開來。

飛燕草（*Delphinium peregrinum*，毛茛科）－原產地中海地區；風力傳播的種子上覆有一層紙質的裂狀薄片；種子，直徑1.5公釐。（左頁）

長葉刺續斷（*Morina longifolia*，川續斷科）－原產喜馬拉雅山區；花粉粒（x4800倍）。（上）

木芙蓉（*Hibiscus mutabilis*，錦葵科），原產中國及日本，已歸化美國南部；因適應了風力傳播，所以種子背部有塊地方長著形成「降落傘」的擴散毛，種子，2.6公釐長（不包括毛）。（下）

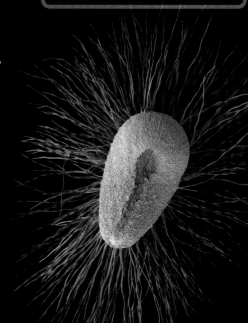

既然我們了解顯微植物材料的科學資料具有尚未開發的運用潛力，我們又希望能為英國皇家邱植物園的重要工作成果培養一批新的愛好者，於是我們攜手合作，希望能逐漸填平藝術與科學間已經日漸加寬的鴻溝。

色彩繽紛的訊息

　　無論是在自然界、科學還是藝術領域中，色彩都具有許多不同的功能。植物已經演化出一套以色彩編碼的複雜訊息，用來吸引動物，以確保花朵授粉，並替植物傳播種子。在植物研究的圈子裡，科學家也會利用顏色來協助討論進行。在本書中，藝術家羅伯‧凱斯勒將高倍率掃描式電子顯微鏡拍攝出的黑白花粉與種子影像加上顏色，強化它們的視覺美感與表現，以面向更廣泛的讀者群。他對顏色的選擇是主觀的，他的選擇可能與原本的植物有關、也可能用來展現一個標本的功能特徵。他依直覺挑選顏色，創造出游移於科學與符號學之間的迷人影像。這是一種訴諸感官的記號，並帶領讀者進一步接觸自然世界中用肉眼看不到的奇蹟。

　　我們的工作成果是來自於我們對植物有性繁殖之美的讚嘆與熱愛；而靠著直到20世紀末期才問世的方法與技術，我們終於能將植物繁殖的精采繽紛完全展現出來。我們希望我們能夠持續吸引更多人來關注在全球各地進行的重要植物科學研究與保育工作。從事這些工作的地方也包括英國皇家邱植物園，尤其是其中的千禧年種子庫計畫（MSBP）。MSBP是全世界最大的國際保育計畫之一，本系列書籍中所使用的影像素材大都來自本計畫的收藏。

岩馬齒莧（*Calandrinia eremaea*，馬齒莧科）—原產澳洲與塔斯馬尼亞；種子，直徑0.56公釐。（左頁、左、上）

沃夫岡‧史督匹（英國皇家邱植物園—韋克赫斯特莊園，千禧年種子庫）

羅伯‧凱斯勒（倫敦中央聖馬汀藝術設計學院）

梅德琳‧哈里（英國皇家邱植物園僑佐爾實驗室，微型態學門）

2009年6月

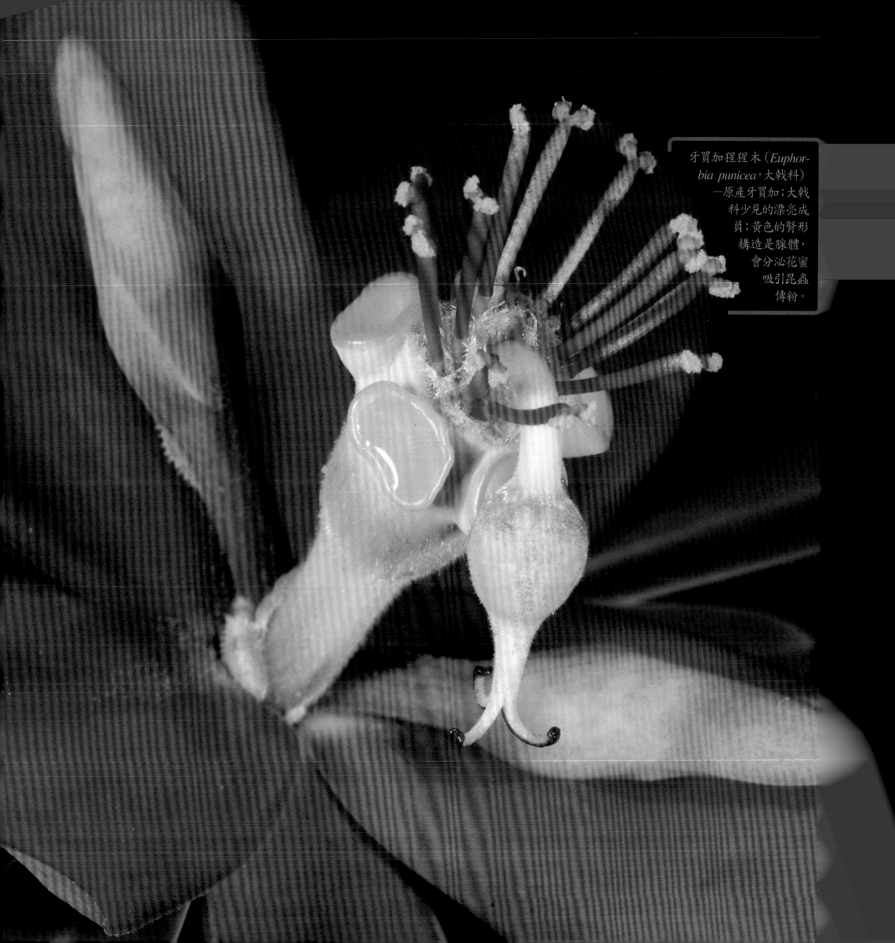

牙買加猩猩木（*Euphorbia punicea*，大戟科）—原產牙買加；大戟科少見的漂亮成員；黃色的腎形構造是腺體，會分泌花蜜吸引昆蟲傳粉。

植物的神祕生活

植物真的很神奇，因為它們和動物不一樣，擁有非凡的能力，只要利用陽光，就能用水和二氧化碳合成糖（光合作用）。如此一來，植物不只製造了自己的食物，也直接或間接餵養了地球上的所有生命。植物甚至製造了大氣中的氧氣，那是光合作用的副產品。事實擺在眼前：沒有植物，我們就既不能呼吸、也沒得吃。稻米是整個地球半數以上人口的主食，還有很多種穀類、豆類和蔬菜也維繫著人類的生存。除了必要的養分以外，植物還賜予我們可口的美味，像是水果、堅果和珍貴的香料。另外還有像木材、纖維和油脂這些用途廣泛的東西。

　　雖然植物在人類生活的許多方面都扮演了重要的角色，但因植物不會移動又不會發出聲音，我們總不把它們當成是跟我們一樣活生生的實體。植物的質地與外表和我們完全不同、在地上生了根，而它們的動作也慢得讓人類的肉眼無法察覺。因為這種種原因，若要把植物拿來和動物與人類相互比擬，似乎顯得頗為荒謬。但事實完全不是這樣。植物不但和動物一樣有自己的生活——經過了幾億年的演化，植物也和動物一樣發展出非常複雜的生活，而且通常還和動物的演化互相呼應。雖然有所差異，但植物和動物的生命都有共同的目標：生存下去並完成有性繁殖，確保物種能夠存續。不過，植物又和動物不一樣，因為植物有後備方案：萬一落花有意流水無情，植物通常還能進行無性繁殖。儘管如此，有性繁殖還是極為重要。當父親的精子與母親的卵子結合，新生動物展開新的生命，在這個過程中，雙親各貢獻一套**染色體**。當植物的精子和卵子相遇的時候，也是一樣。生物的染色體帶有決定生物體所有特徵的基因。只要讓染色體混合，就能重新組合父母親的基因特徵，也就創造出一個特徵稍稍不同、甚至比上一代更好的後代。除此以外，經由天擇所進行的演化，都是以有性繁殖為基礎。許多植物都能行無性繁殖，例如草莓的走莖，但新植株是和母株擁有相同基因的複製品，所以大部分植物通常還是行有性繁殖。植物竟然擁有性生活，這點可能會讓許多人大吃一驚，不過我們對植物性活動的周邊活動其實還蠻熟悉的。我們可能在完全不明就裡的狀況下，便興味盎然地欣賞了植物最最私密的風流韻事：花朵賞心悅目，經常香氣撲鼻，接著長出來的果實，則為我們的味蕾帶來享受。

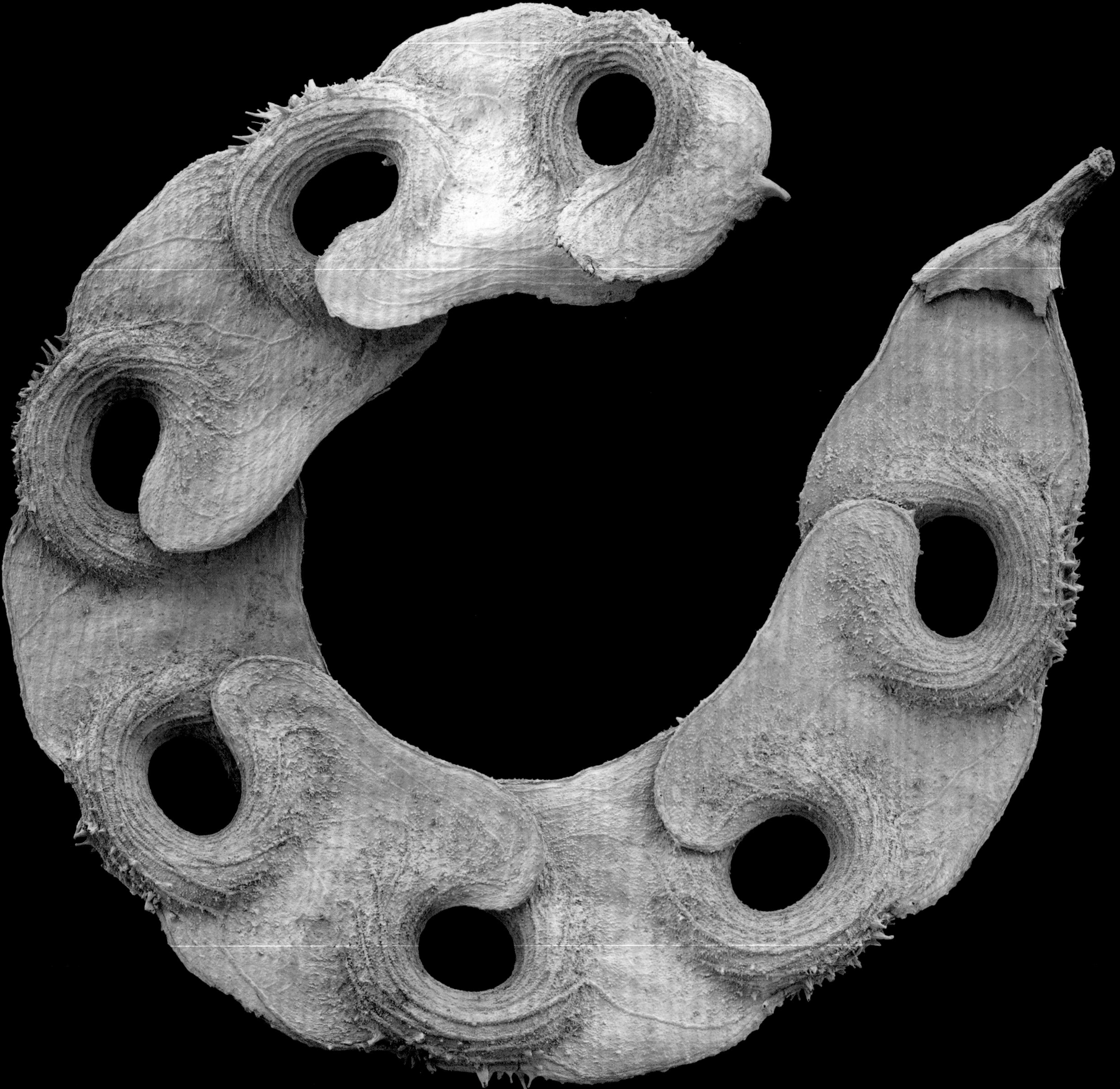

馬蹄形野豌豆
（*Hippocrepis unisiliquosa*，豆科）—原
產歐亞大陸與非洲；果實；形狀怪異的
果莢中所隱藏的適應策略雖然難以理
解，不過扁平、輕量的結構卻可能有助
於風力傳播。此外，重疊的邊緣與周邊
的剛毛，或許能使果實黏在動物皮毛上
（外附傳播）；直徑18公釐。（左頁）

粗毛球柱草（*Bulbostylis hispidula
subsp. Pyriformis*），（莎草科）—原產東
非；果實無任何針對特殊傳播模式的明
顯適應；這種植物可能和其他多種禾草
（禾本科）一樣，單純仰賴草食性動物
在攝食時意外吃下細小的果實協助傳
播；1.3公釐長。（上）

澳洲沙漠豆（*Swainsona formosa*，豆
科）—原產澳洲；因為醒目的血紅色花
朵有黑色的花心而出名，是澳洲最具代
表性的野花之一（*formosa*為拉丁文的
「美麗」）。這種花由鳥類傳粉。（右）

然而，從科學觀點來看，花朵，只不過是一些圍繞在雌雄生殖器官
（也就是**雄蕊與雌蕊**）外，通常色彩繽紛、能吸引昆蟲的一些瓣狀裝飾罷
了。在性結合之後，花朵會凋謝，雌蕊基部的子房則發育成果實。果實是
膨大的雌性器官，內含微小的植物胚胎，每個胚胎
都包在**種皮**裡面。等到種子成熟離開親株，
種皮中的胚胎就會萌發，離開種皮裡的安全
環境，發育成一棵小幼苗，最終會長成一株
攜帶了父母雙方完整染色體組的新植物。

花形的性器官、還有性結合之後發育出
來的果實和種子，都肩負著重責大任：開花、
授粉和結果，是植物生命中的大事，對物種
的生存至關重要。因為植物的精子（由花粉
粒所攜帶）和子房結合，子房接著會發育成
內含種子的果實，這就是植物的下一代。因
此，植物為了確保後代能存活而演化出五花
八門的策略，也就是理所當然的了。

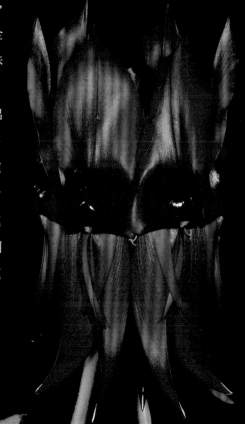

黃花柳（*Salix caprea*，
楊柳科）—原產歐亞大陸；
花粉粒群（x1500倍）。

植

物的有性繁殖，基本上和動物（也包括我們）的是一樣的。植物若是想要行有性繁殖，精細胞就必須讓卵細胞受精以製造下一代；要達到這個目的，精子總是扮演著尋找卵細胞、使之受精的活躍角色。可是植物又不像大部分的動物，根本沒辦法到處去找同種的伴侶，因此植物發展出某些相當高明的策略，通常會利用到動物（主要是昆蟲），以便讓植物精子找到卵細胞。我們可能要問，它們到底是怎麼辦到的？答案就藏在花朵裡，那裡是性的溫床、是雌雄繁殖器官所在之處。

典型的花朵包括了四到五圈的高度特化器官。最外面那圈是**花萼**，通常是由特化的小小綠葉，也就是**萼片**組成的杯狀結構。花萼裡面是通常比較大、色彩也比較鮮豔的**花冠**，花冠一般是由三到五片**花瓣**組成。在花瓣之間或花瓣對面，會長出一兩圈**雄蕊**。這些是植物的雄性器官。在花朵中央，由雄蕊所圍繞的，就是雌性器官——**雌花器**（*gynoecium*），若是用較普通、但科學上比較不正確的說法，就是**雌蕊**。

雌花器內含一個或多個**心皮**，基本上那是改造過的可孕性葉片，沿中肋對摺後與相對的葉緣融合，形成一個內含未成熟種子（**胚珠**）的袋狀物。心皮可能是離生（分開）的，像是毛茛（毛茛類，毛茛科）；或者是合生（相連）成單一的雌蕊，像是柳橙（*Citrus x sinensis*，芸香科）的每一個果片，都代表一個心皮。

雄蕊則有一根細長的梗，也就是**花絲**，頂端有**花藥**。花藥上通常會有四個花粉囊（**花藥室**），這就是雄蕊的可孕部分，會產生數以千計極端細緻、小如灰塵般的微粒，名為**花粉**。每顆花粉粒都載著微小卻珍貴的貨物，也就是兩顆精子。為了傳遞精子，花粉粒必須設法抵達同一朵花的雌性器官；若是能跑到另一棵同種植物花朵中的雌性器官就更好了。雌花器（也就是雌蕊）內則可分成**子房**，那是基部的可孕性膨大部位；以及**柱頭**，也就是子房頂端接收花粉的特殊部位。有時候，柱頭是一個高舉在子房上方的柱狀延伸物（**花柱**）。當花粉粒降落在柱頭潮濕的表面上重新吸水之後，就會在幾分鐘內萌發，伸出一根管狀物。這根**花粉管**會穿過柱頭表面，順著花柱內部往下長、抵達子房。而子房其實就相當於花朵的子

酸橙（*Citrus aurantium*，芸香科）
—原產熱帶亞洲；有三個花粉孔的花粉
粒，0.03公釐長（x 2500倍）。（上）

馬蜂橙（*Citrus hystrix*，芸香科）—原
生印尼；花朵有四片白色花瓣、雄蕊多
數，雌蕊突出（子房綠色、花柱白色、柱
頭黃色）；花朵，約14公釐。（右）

宮，內含一顆或多顆未發育的
微小種子（**胚珠**），每個胚珠裡
都有一顆卵細胞。為了讓卵細胞
受精，花粉管必須經由雌性組織上
一個很小很小的開口進入胚珠，這個開
口稱為**珠孔**。花粉管進入胚珠之後，前端就
會裂開，釋放出兩顆精子，其中之一會讓卵細
胞受精，另一顆則會與胚珠的**極核**融合，形成胚
乳細胞核，將來會發育成種子的儲存組織，也就是胚
乳。動物的精子具備活動能力，植物精子則必須由花粉管
直接送給卵細胞。卵細胞受精後就會發育成植物寶寶，也就是胚，
胚珠也會長成一顆種子。

　　這就是種子植物，也就是開花植物（被子植物）與針葉樹這類植物
（裸子植物）進行性生活的方式。不過，苔蘚、蕨類與擬蕨類等植物，
則是利用孢子繁殖，而非種子。這些植物的生命循環有很顯著的差異。

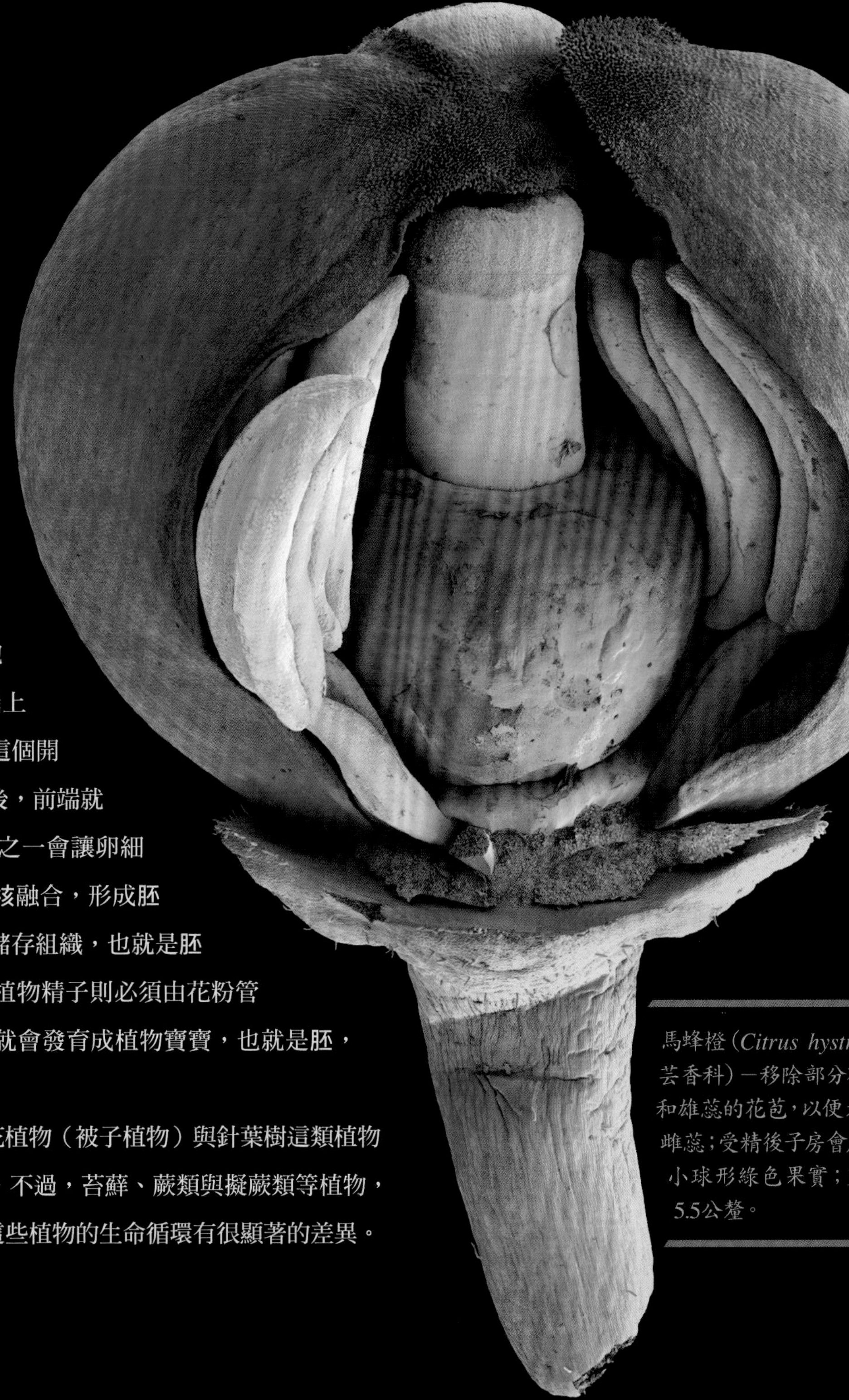

馬蜂橙（*Citrus hystrix*，
芸香科）－移除部分花瓣
和雄蕊的花苞，以便看清
雌蕊；受精後子房會產生
小球形綠色果實；直徑
5.5公釐。

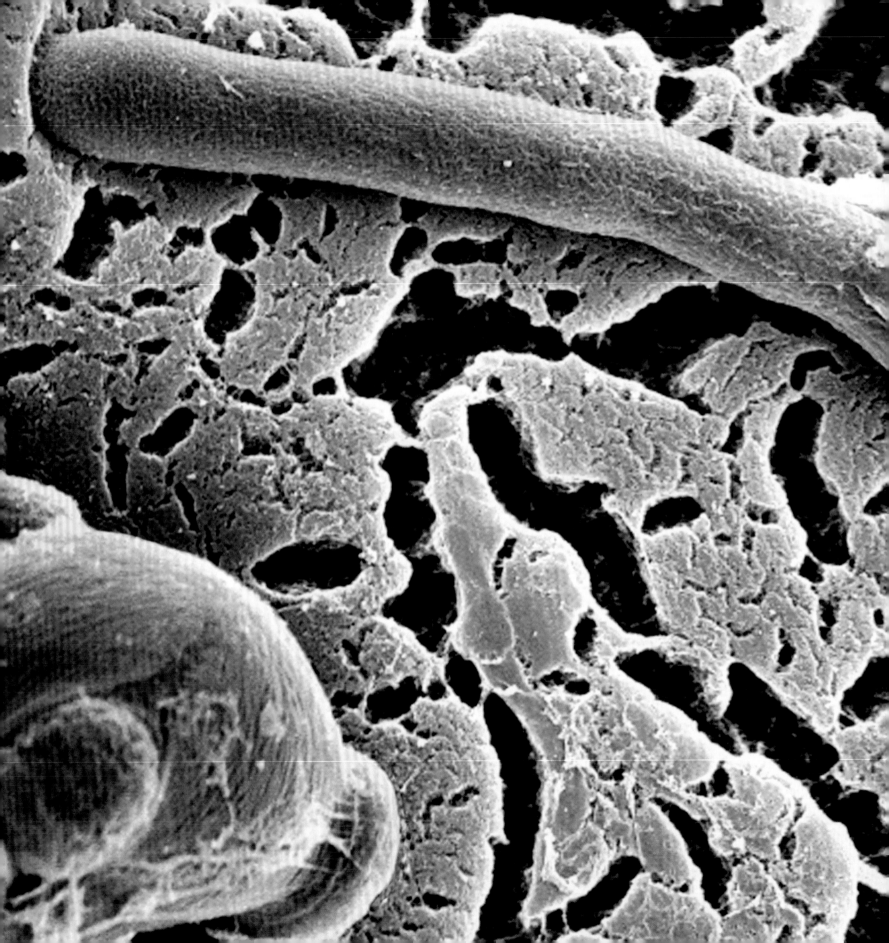

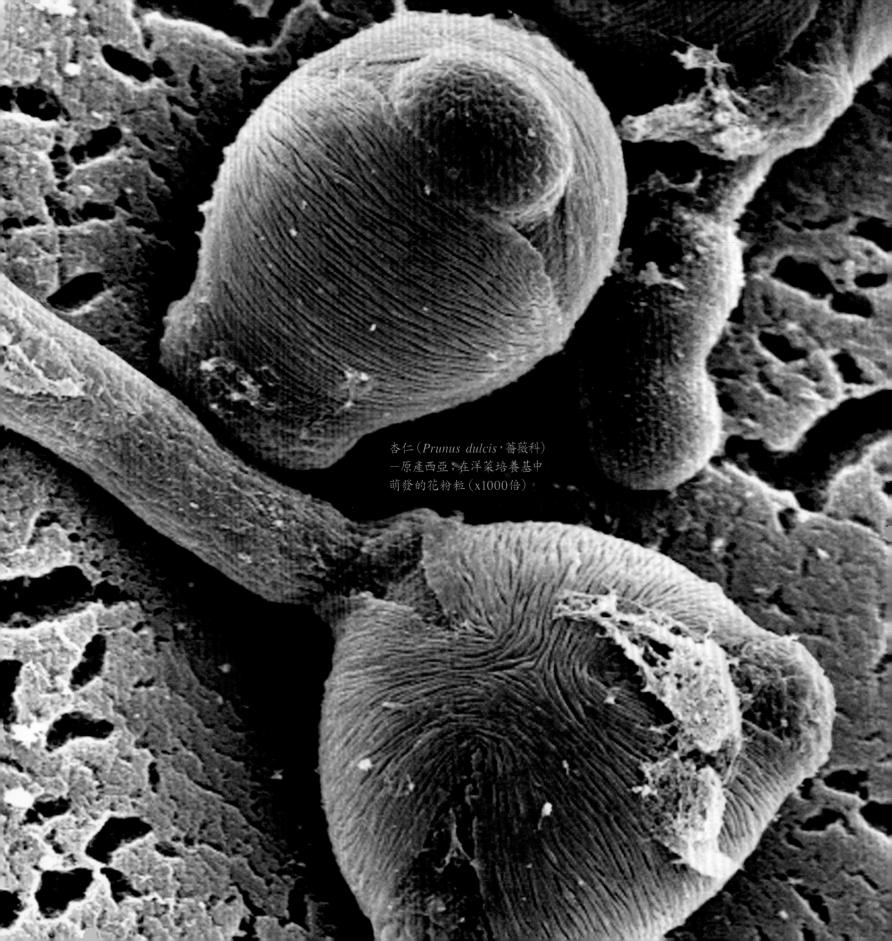

杏仁（*Prunus dulcis*，薔薇科）
—原產西亞；在洋菜培養基中
萌發的花粉粒（x1000倍）。

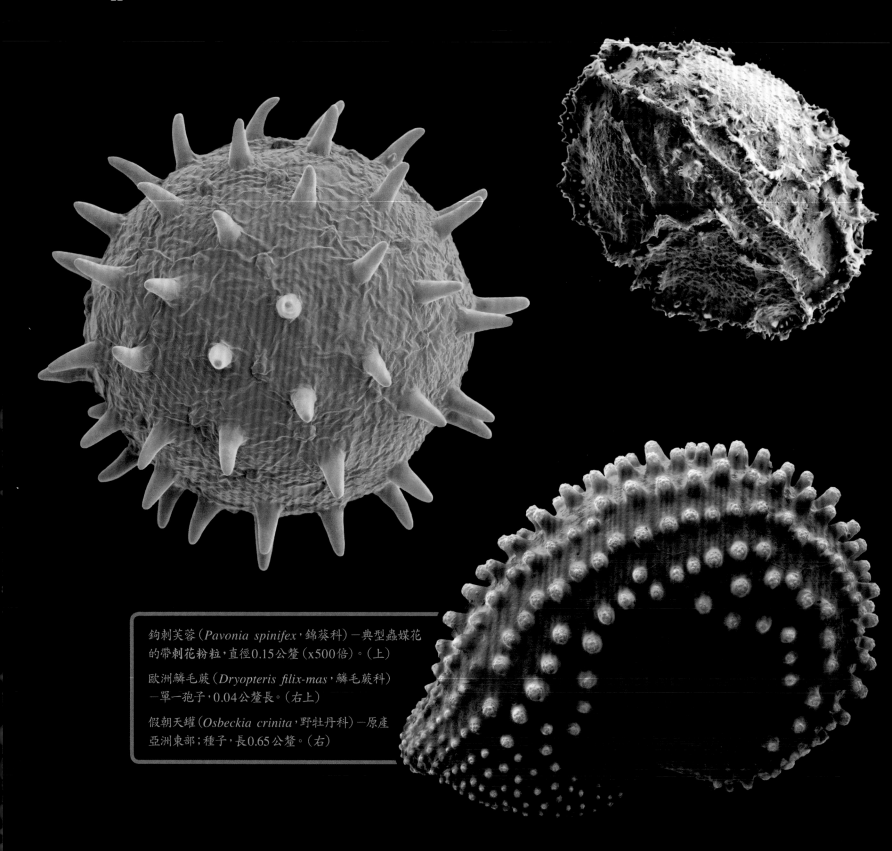

鉤刺芙蓉（*Pavonia spinifex*，錦葵科）－典型蟲媒花的帶刺花粉粒，直徑0.15公釐（x500倍）。（上）

歐洲鱗毛蕨（*Dryopteris filix-mas*，鱗毛蕨科）－單一孢子，0.04公釐長。（右上）

假朝天罐（*Osbeckia crinita*，野牡丹科）－原產亞洲東部；種子，長0.65公釐。（右）

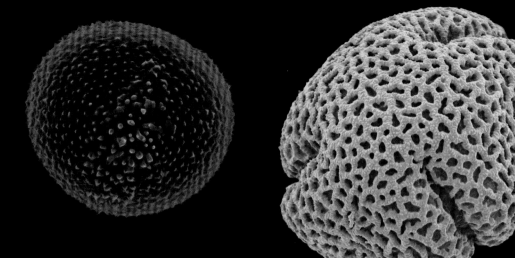

虞美人（*Papaver rhoeas*，罌粟科）－原產歐亞大陸與北非；花粉粒，0.016公釐（×4000倍）。（最左）

花白臘樹（*Fraxinus ornus*，木犀科）－原產歐亞大陸；花粉粒（×3500倍）。（左）

金鳳花（*Ranunculus acris*，毛茛科）－花粉粒，直徑0.025公釐（×1800倍）。（左下）

花粉、孢子與種子的差異

因為花粉和孢子都是來自植物，看起來都彷彿微塵，所以孢子也常被拿來和花粉相提並論。然而，花粉粒和孢子有根本上的差異。**世代交替**（有單套染色體世代和雙套染色體世代）為植物所獨有，從綠色的藻類到蘚類、苔類、蕨類、針葉樹和其親戚（裸子植物）、還有開花植物都能進行世代交替。動物界並沒有可以相對應的過程。原則上所有植物的生命週期都一樣，但是在產生種子的植物（即裸子植物與被子植物，合稱**種子植物**）和生產孢子的植物之間有一項重大差異。（**孢子植物**一詞證明了某些科學家也是有幽默感的：*cryptogam*這個詞的原意是「那些偷偷交配的傢伙」。）

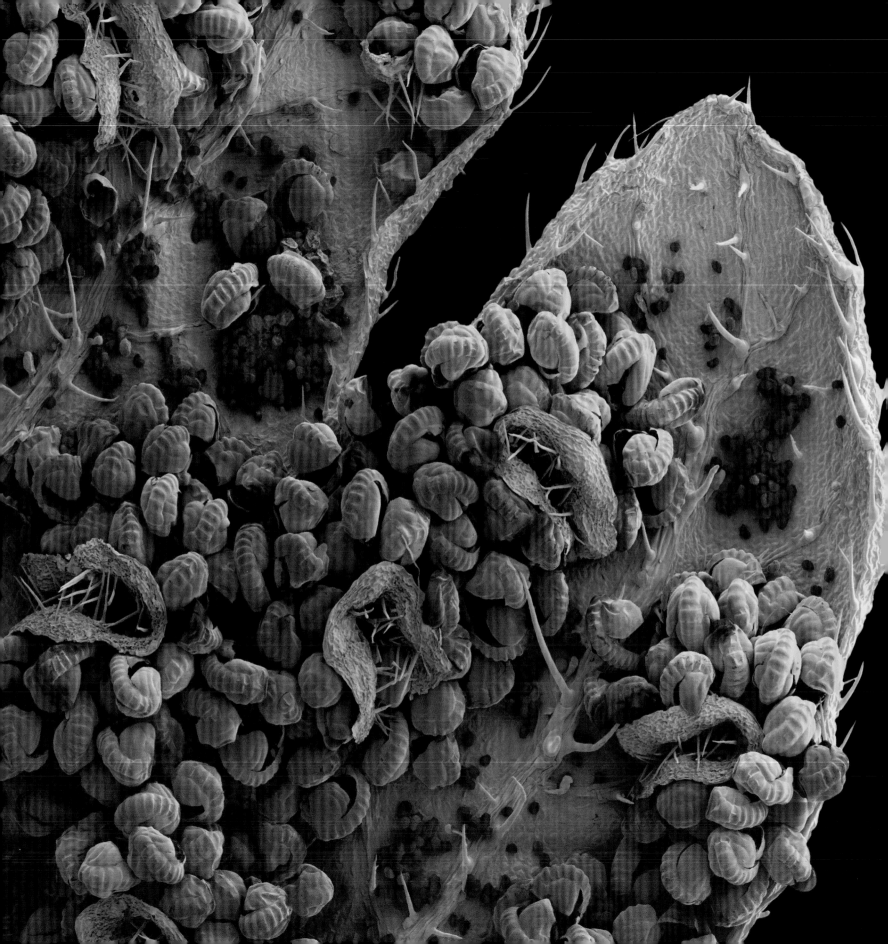

珠胎暗結

孢子植物有別於被子植物與裸子植物，它們另有一個通常能行光合作用（綠色）的獨立單倍體世代，叫做配子體。以大家較熟知的例子來說吧：看看成熟蕨類，如歐洲鱗毛蕨（*Dryopteris filix-mas*）的葉片背面，你會發現單獨的小葉（**羽片**）上有一排排的小小腎型結構，這每一顆就是一個**孢子囊群**。被保護在每一個孢子囊群裡的就是孢子囊，裡面有孢子。孢子囊成熟時會爆開，釋放出孢子，這些孢子就像花粉粒一樣，是單倍體世代。孢子會在潮濕的地面環境中萌發，長成小小的單套配子體。這些配子體的外型和我們熟悉的蕨類植物非常不一樣；其中很多看起來比較像苔蘚而不像蕨類。快成熟的時候，配子體會在葉狀體背面產生雄性器官（**藏精器**），藏精器會釋放出具有運動能力的精子，而雌性器官（**藏卵器**）則內含卵細胞。只要有水（如雨水、露水、從河流或瀑布噴濺出來的水花），配子體的藏精器就會釋放出精子，而精子會游到在另一個配子體的藏卵器中等待的卵細胞那裡。這些精子和卵細胞就和製造它們的配子體一樣，稱為單倍體，僅含一套染色體。

受精之後，卵細胞就有了兩套染色體，變成雙倍體了——稱為**合子**。然後合子就會發育成常讓人驚豔的美麗植物，也就是我們所知的蕨類。新一代的單倍體孢子將誕生在這株雙倍體蕨類植物葉背上的孢子囊中，也因此我們把這個世代稱為**孢子體**（字面意思就是**產生孢子的植物**）世代。

孢子植物的一大缺陷就是它們有需要水才能活動的精子，沒有水就不能游到卵細胞讓卵細胞受精。若是生活在陸地上，這其實是一大不利因素，如今的陸生孢子植物，像是苔類、石松、木賊，以及蕨類，都還沒能從內在解決這個問題，必須仰仗外來的支援，所以這些植物常生長在潮濕環境，或是雖然乾燥、卻常有潮濕時節的地區。這就解釋了為什麼會有耐旱蕨類——像是粉背蕨（*Cheilanthes* species），以及鳥巢卷柏（*Selaginella lepidophylla*）這種石松，它能生長在像北美沙漠這樣的半乾旱棲地中。

歐洲鱗毛蕨（*Dryopteris filix-mas*，鱗毛蕨科）－原產北半球溫帶地區；孢子葉背面可看到棕色孢子囊群。（左頁）

鳥巢卷柏（*Selaginella lepidophylla*，卷柏科）－原產奇瓦瓦沙漠；是一種復甦型植物，可在幾乎完全乾燥的狀況下生存；如果暴露在水氣中，捲起的葉片就會舒張。（上）

星毛蕨（*Ampelopterisprolifera*，金星蕨科）－原產於舊世界熱帶地區；小孢子體從長得像苔蘚的配子體背面長出。（右）

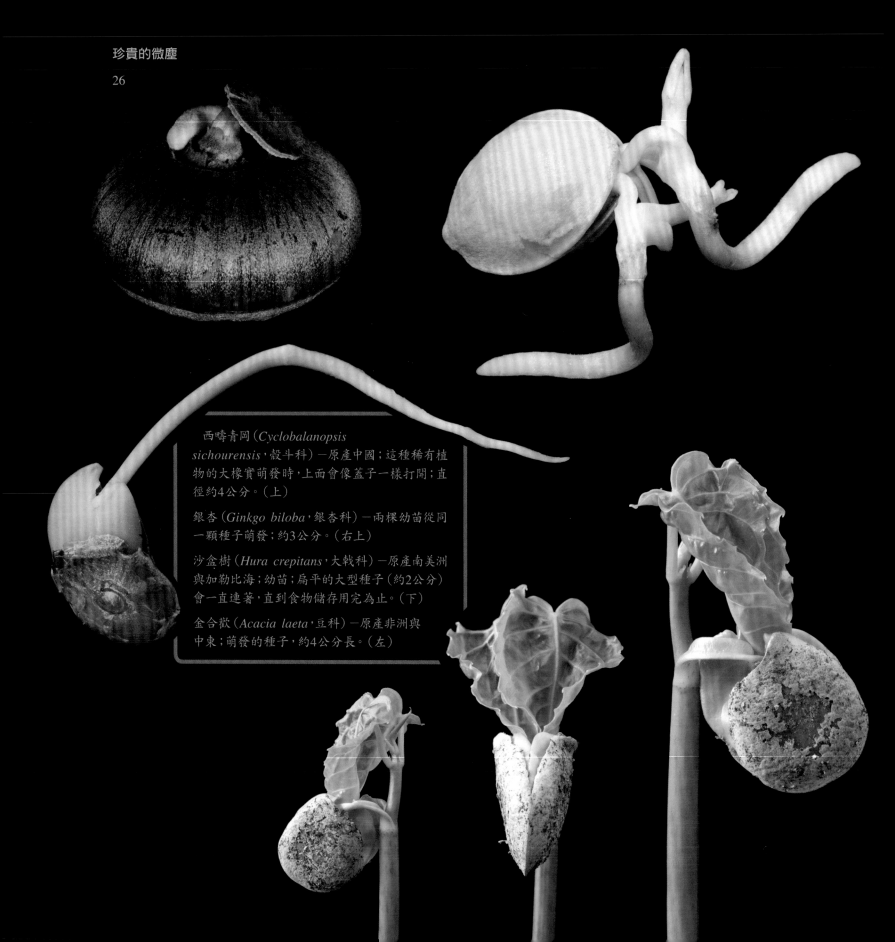

　西疇青岡（*Cyclobalanopsis sichourensis*，殼斗科）－原產中國；這種稀有植物的大橡實萌發時，上面會像蓋子一樣打開；直徑約4公分。（上）

銀杏（*Ginkgo biloba*，銀杏科）－兩棵幼苗從同一顆種子萌發；約3公分。（右上）

沙盒樹（*Hura crepitans*，大戟科）－原產南美洲與加勒比海；幼苗；扁平的大型種子（約2公分）會一直連著，直到食物儲存用完為止。（下）

金合歡（*Acacia laeta*，豆科）－原產非洲與中東；萌發的種子，約4公分長。（左）

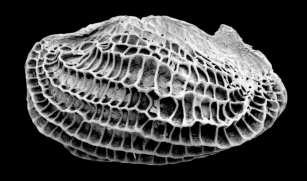

種子的優勢

花粉和孢子的外型很相似。事實上，花粉粒就是雄性孢子，只不過失去了在地上萌發、長成一株獨立配子體的能力。如果花粉粒要長出花粉管（種子植物萎縮掉的雄性配子體），就需要柱頭（若是裸子植物，則是**花粉室**）上的營養基質。儘管花粉粒看起來可能很像孢子，但在孢子植物的生命週期中，卻沒有能和種子相對應的部分。種子和孢子不一樣，孢子產生的是單倍體世代，而種子萌發時，產生的卻是雙倍體世代（孢子體）。

裸子植物與開花植物演化出花粉、胚珠和種子，這不但是它們所獨有，也是陸生植物演化中非常重大的一步。不必有水也能進行有性繁殖，這樣的獨立性是它們勝過孢子植物的一大優勢。種子植物的受精卵細胞，會在胚珠這個安全環境中發育成新的孢子體（胚）。孢子植物的合子則必須立刻長成一株新的孢子體，而種子植物則不同，它們的胚只會長到固定的大小，然後通常就待在種子（成熟的胚珠）內等待最佳的萌發條件。還沒開始活動的胚有自己的食物貯藏（胚乳），胚乳由母株提供，又有種皮保護著，不致於乾掉和損壞。維管束植物演化出種子是一件非常重要的事，足以和爬蟲類演化出有殼的蛋相提並論。

正如種子讓植物逃離對濕潤環境的倚賴，蛋也讓爬蟲類成為第一種完全陸棲的脊椎動物。從這種角度來看，苔、蘚、蕨類和擬蕨類，比較像是雖有陸棲生活、卻還是依靠水來讓卵受精的兩棲動物。

稍後我們會介紹種子的非比尋常之處，不過在此之前，我們應該先好好觀察一下花粉，因為花粉也相當不同凡響。

黃橐三葉草（*Orthocarpus luteus*，列當科）─原產北美洲；種子，1.3公釐長。（左上）

恆星雲仙人掌（*Melocactus zehnt-neri*，仙人掌科）─原產巴西；連著部分「臍帶」（珠柄）的種子；1.2公釐長。（上）

Garcinia arenicola（金絲桃科）─山竹在馬拉加西的親戚；幼苗，高約10公分。（左下）

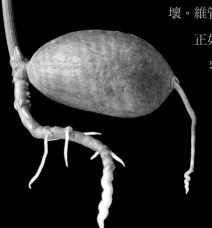

看不見的微小宇宙

　　大多數人都知道花粉，主要是因為花粉會弄髒衣服。更惹人厭的是，花粉會以花粉熱的形式引起過敏反應。撇開這些惱人的狀況不談，只要近距離檢視，就能發現花粉粒其實是自然建築學與結構工程的完美傑作。花粉的平均大小是20-80微米（一微米是一公釐的千分之一），大多數花粉都小到肉眼看不見。儘管如此，許多花粉仍舊美得令人屏息。如果用顯微鏡來看花粉，我們就踏進了一個神奇的小宇宙，在這個小宇宙裡，雖然小即是美，但實際用途卻比裝飾功能更重要。花粉粒堅硬的外殼包裹著精細胞，但不同種類的植物，卻又各有千變萬化的奇妙外型。這些變化極端複雜、卻又相當精緻，稱為「花粉型態」。花粉型態有好幾千種，通常每種植物只會產生一種型態的花粉。然而，花粉型態的種類卻沒有植物種類那麼多，因為某些不同的植物卻會有非常類似的花粉型態，尤其是親緣關係接近的種類。許多同科的植物會產生型態相似的花粉，而如果產生花粉的植物不在手上，就算是專家，也很難辨識出究竟是來自哪一種植物。像是禾草類群（屬於禾本科）中幾乎所有種類的花粉都像得不得了，不過卻又讓人可以一眼就認出是禾草的花粉。

日本鹿子百合（*Lilium speciosum var. clivorum*，百合科）－原產日本；花朵與滿載花粉的大型花藥。（左頁左）

Nerine bowdenii（石蒜科）－原產南非地區，花粉粒，0.1公釐長（x 1000倍）。（左頁右）

萊氏相思樹（*Acacia riceana hybrid*，豆科）－原產塔斯馬尼亞；三顆花粉的團塊（多粉體），0.035公釐長（x1500倍）。（上）

　　大部分植物釋放花粉時，都是從成熟花朵的花藥中散出一顆顆的微粒。不過，約有50個科中的某部分植物，是以四顆一組為單位來釋放成熟的花粉粒，這叫做四聯體。例如杜鵑花科的許多種類，還有柳葉菜科裡的吊鐘花與柳蘭（*Epilobium angustifolium*）。也有些花朵會大批釋放花粉，這就叫多粉體。多粉體中的花粉粒數量通常是四的倍數。會產生多粉體的種類包括相思樹與含羞草（豆科、含羞草亞科）。還有另一種釋放單位叫做花粉塊，可以在兩個非常大的科中看到，那就是蘭科與蘿藦科（目前被視為夾竹桃科的一個亞科）。這一類的花粉粒是以還算緻密、有條理的團塊（花粉小塊）模樣出現。

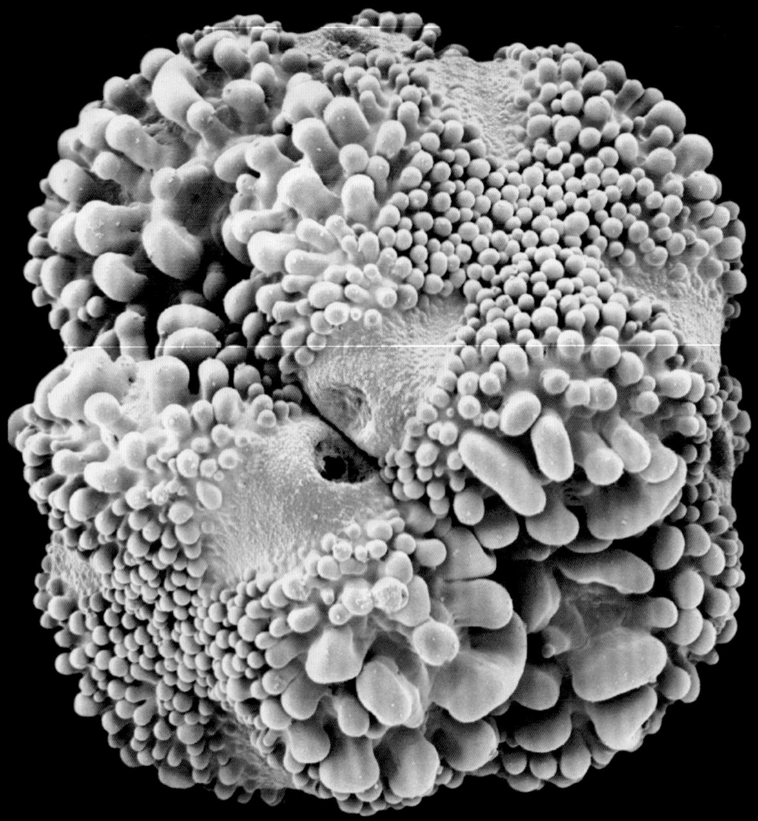

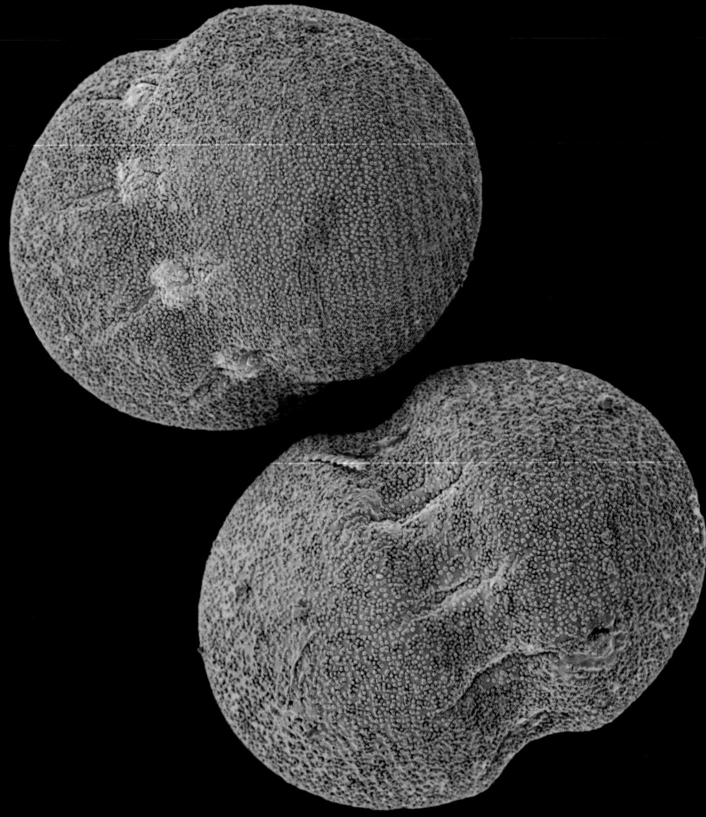

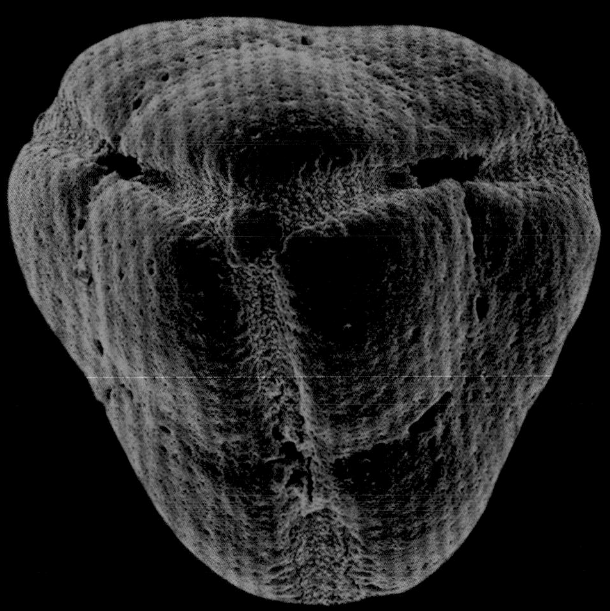

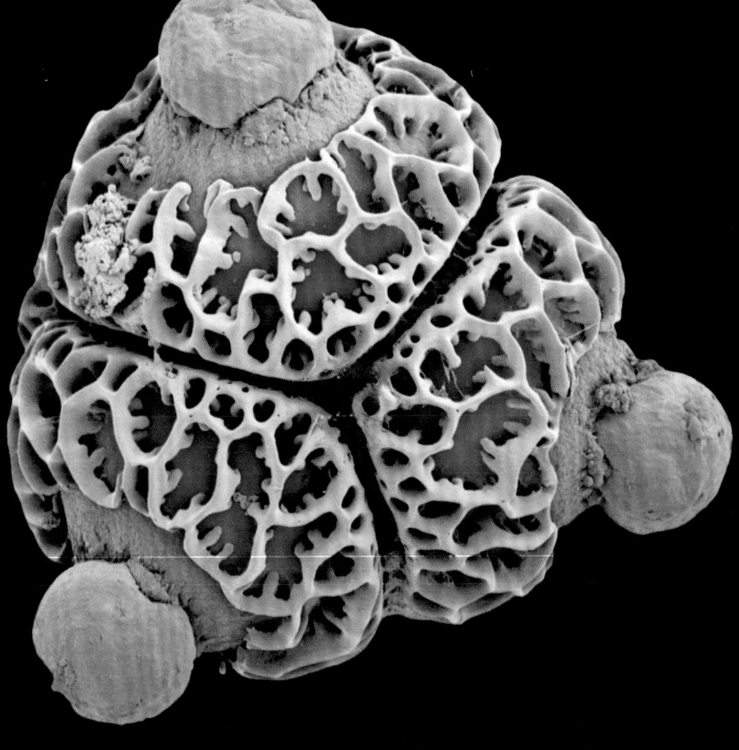

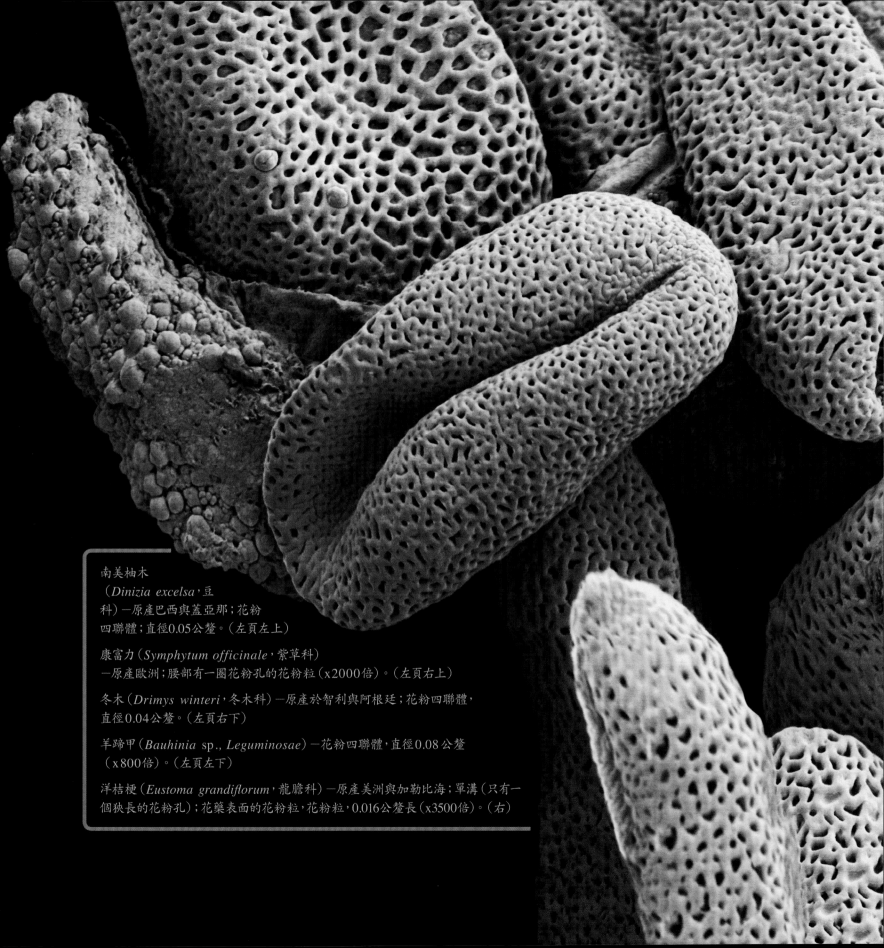

南美柚木
（*Dinizia excelsa*，豆
科）－原產巴西與蓋亞那；花粉
四聯體；直徑0.05公釐。（左頁左上）

康富力（*Symphytum officinale*，紫草科）
－原產歐洲；腰部有一圈花粉孔的花粉粒（x2000倍）。（左頁右上）

冬木（*Drimys winteri*，冬木科）－原產於智利與阿根廷；花粉四聯體，
直徑0.04公釐。（左頁右下）

羊蹄甲（*Bauhinia* sp., *Leguminosae*）－花粉四聯體，直徑0.08公釐
（x800倍）。（左頁左下）

洋桔梗（*Eustoma grandiflorum*，龍膽科）－原產美洲與加勒比海；單溝（只有一
個狹長的花粉孔）；花藥表面的花粉粒，花粉粒，0.016公釐長（x3500倍）。（右）

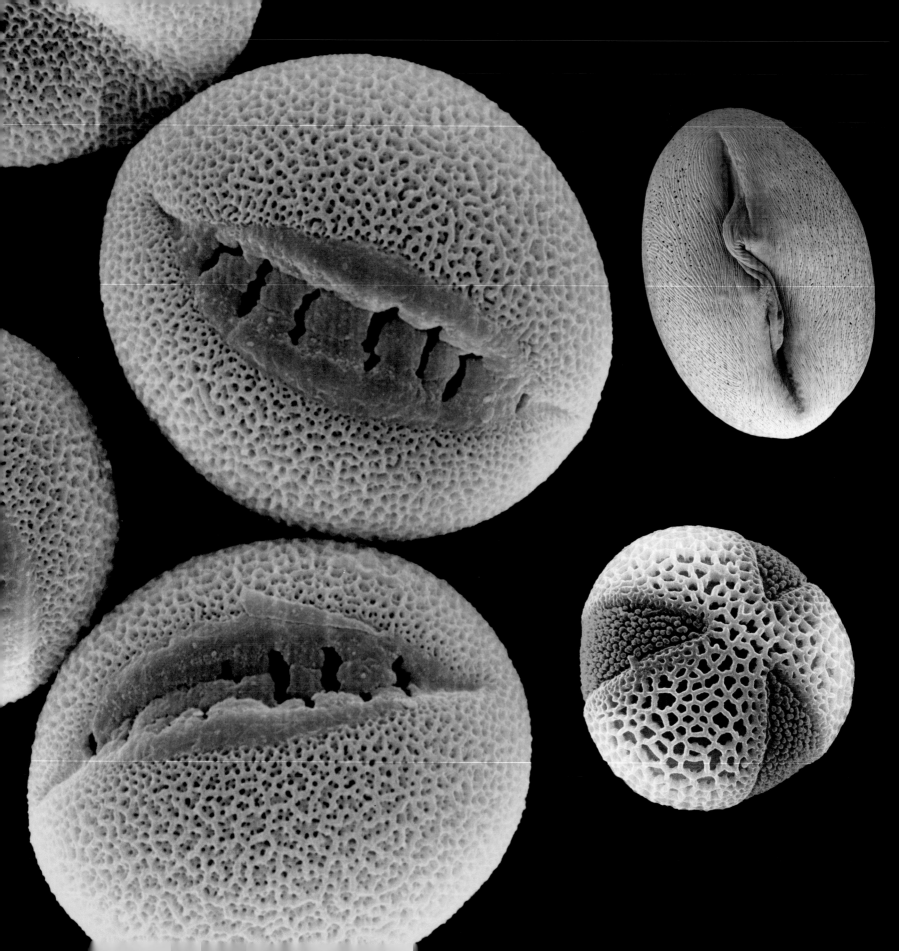

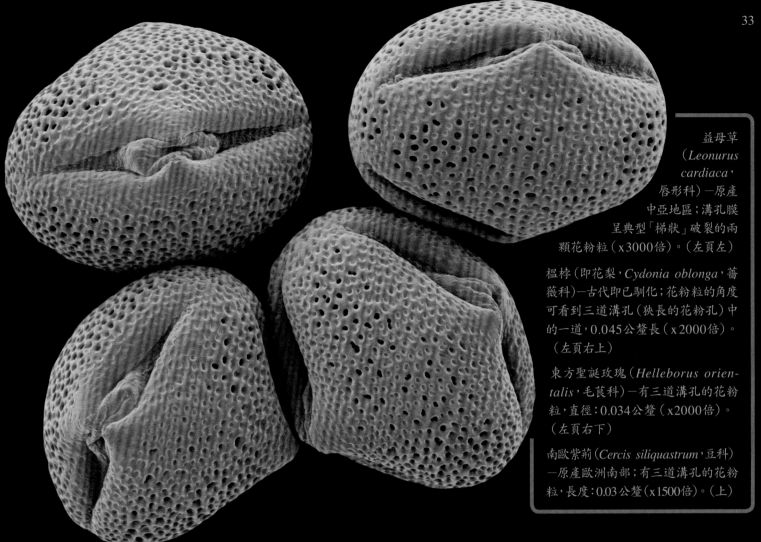

益母草
（*Leonurus cardiaca*，唇形科）－原產中亞地區；溝孔膜呈典型「梯狀」破裂的兩顆花粉粒（x3000倍）。（左頁左）

榲桲（即花梨，*Cydonia oblonga*，薔薇科）－古代即已馴化；花粉粒的角度可看到三道溝孔（狹長的花粉孔）中的一道，0.045公釐長（x2000倍）。（左頁右上）

東方聖誕玫瑰（*Helleborus orientalis*，毛茛科）－有三道溝孔的花粉粒，直徑：0.034公釐（x2000倍）。（左頁右下）

南歐紫荊（*Cercis siliquastrum*，豆科）－原產歐洲南部；有三道溝孔的花粉粒，長度：0.03公釐（x1500倍）。（上）

萌發生命的開口

　　花粉孔是大多數花粉粒都具備的重要功能性特徵。花粉孔是花粉壁上特化的開口，從花粉萌發出的花粉管，會帶著精細胞穿過這個孔，抵達胚珠。一顆花粉粒有多少花粉孔，則因植物種類而不同。目前發現的最古老花粉粒化石，大概可以追溯到1億2000萬年前，上面就只有一個像裂縫似的狹長花粉孔。木蘭（木蘭科）和棕櫚（棕櫚科）的花粉就仍保有這項特徵，而這兩群植物也都是早期演化出來的被子植物科別代表。不過，花粉孔為三道呈放射狀分布的簡單長孔的花粉粒也很早就出現在花粉的化石紀錄中，而這樣的花粉孔排列方式，在許多種現生植物上還可以看到，像是聖誕玫瑰（*Helleborus niger*，毛茛科）、金縷梅（金縷梅科），還有槭樹（無患子科）。

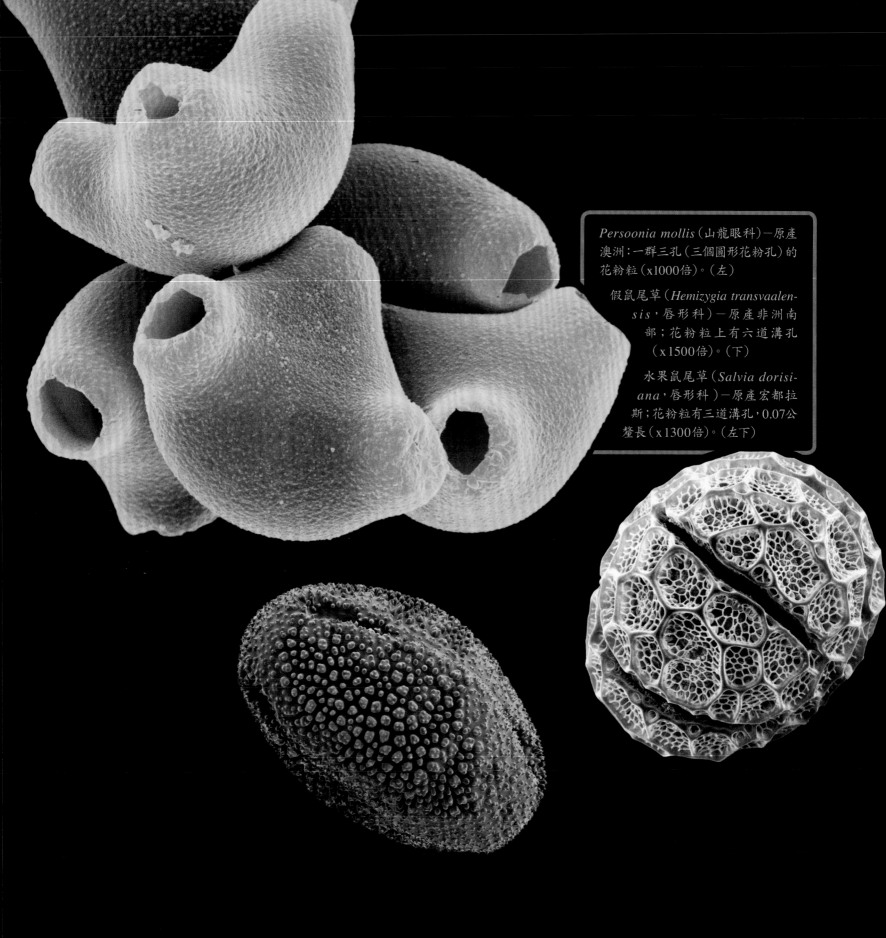

Persoonia mollis（山龍眼科）－原產澳洲：一群三孔（三個圓形花粉孔）的花粉粒（x1000倍）。（左）

假鼠尾草（*Hemizygia transvaalensis*，唇形科）－原產非洲南部；花粉粒上有六道溝孔（x1500倍）。（下）

水果鼠尾草（*Salvia dorisiana*，唇形科）－原產宏都拉斯；花粉粒有三道溝孔，0.07公釐長（x1300倍）。（左下）

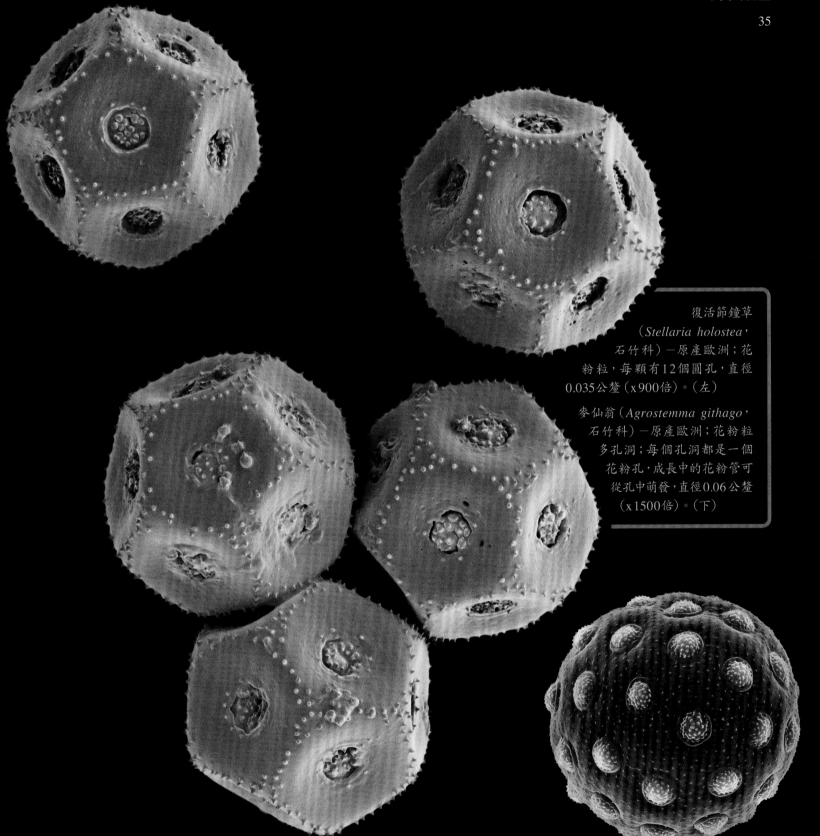

復活節鐘草
（*Stellaria holostea*，
石竹科）－原產歐洲；花
粉粒，每顆有12個圓孔，直徑
0.035公釐（x900倍）。（左）

麥仙翁（*Agrostemma githago*，
石竹科）－原產歐洲；花粉粒
多孔洞；每個孔洞都是一個
花粉孔，成長中的花粉管可
從孔中萌發，直徑0.06公釐
（x1500倍）。（下）

尋找另一半

花粉雖然如此神奇，不過還是有一大缺陷。它無法自行移動，卻無論如何都得把精子帶到另一株同種植物的雌性柱頭表面以避免近親交配。為了解決這個問題，植物演化出各式各樣的策略以促進花粉傳播。這些方法包括了非生物性的傳粉方式，像是利用風力和水力，也有主要利用昆蟲進行的動物傳粉；但也有利用鳥類和小型哺乳類傳粉的，而這又以蝙蝠為多。就植物而言，只是單純把花粉灑向空中，讓風吹到另一株同種植物的花朵柱頭上，不但毫無章法也太浪費了。這種策略需要製造出極大量的花粉粒，以確保有足夠數量能抵達目標。風力傳播的花粉來自如松樹、榛樹、赤楊、樺木與禾草等風媒花植物，常常是肉眼可見的黃色雲霧狀微塵，讓花粉熱患者一見就要退避三舍。植物的花粉量到底能有多大呢？光是一棵玉米（禾本科）就能產生約 1800 萬顆花粉粒。

盛開的納馬誇蘭——春雨滋潤後，南非納馬誇蘭半沙漠就會成為地球上罕見的自然奇景。（左頁）

勳章菊（*Gazania krebsiana*，菊科）—納馬誇蘭最引人注目的野花之一。（左下）

風力傳粉與水力傳粉

　　風媒花植物通常會生長在傳粉動物不多、風卻很大的地方。事實上，製造巨量花粉儘管是昂貴的投資，但在風媒花植物很常見、生長距離又很近的那些地方，風力傳粉倒還蠻划算的，像北極地區的針葉林、非洲的草原，還有某些溫帶地區的闊葉林等均是如此。諸如赤楊、樺木、山毛櫸、榛樹、櫟樹、胡桃般的落葉樹和所有的禾草，也都是被子植物中利用風力傳粉的好例子。典型風媒花植物的花朵都很小（大花瓣對吹來的花粉是一種阻礙）、沒有香氣；外貌平凡（顏色對風來說是種浪費），而且是單性花。雄花通常是類似穗狀排列的花序（許多花朵叢生在一起），可以朝空中釋放出極大量非常細小、乾燥又平滑的花粉粒。雌花可能單生或叢生，但幾乎都有羽毛狀的大柱頭，以便抓住空中的花粉。

　　儘管只占所有非動物性傳粉植物的2%，不過許多淡水植物和已經適應海水生活的獨特開花植物——海草，都發展出相當不錯的水力傳粉能力，淡水植物包括浮萍（青萍類，天南星科），而海草則分屬四個關係很近的水生植物科（絲粉藻科、水鱉科、波喜盪草科、以及甘藻科）。許多種水生植物都有奇特的絲狀花粉，高度適應了水力傳播。舉例來說，澳洲海草（*Amphibolis antarctica*，絲粉藻科）的花粉「粒」就長達5公釐，而且密度與海水差不多，所以花粉從花藥釋放之後，就可以在水中載浮載沉。海草會大規模地釋放出花粉，被動地讓潮水帶著漂過海草平原，好被捲到途中遇到的突出柱頭周圍。

歐洲赤楊（*Alnus glutinosa*，樺木科）－原產歐洲；雄花組成的葇荑花序正散布花粉；上方則是老（去年的）雌毬。（左頁左上）

歐洲榛（*Corylus avellana*，樺木科）－原產歐亞大陸；典型的風力傳播花粉，花粉粒平滑，沒有黏黏的花粉脂；（x2000倍）。（左頁右中至下、左下）

粗莖早熟禾（*Poa trivialis*，禾本科）－單孔（只有一個圓形花粉孔）；花粉粒，直徑0.055公釐（x1500倍）。（左頁右上至中）

放射松（*Pinus radiata*，松科）－原產加州；兩顆花粉粒，各具有一對氣囊，有助於風力傳播，0.06公釐寬（x2000倍）。（左）

歐洲榛（*Corylus avellana*，樺木科）－原產歐亞大陸；雌花露出紅色的分叉柱頭，準備捕捉飄來的花粉；典型風力傳粉植物，歐洲榛細小的雄花與雌花是分開的，花被不顯眼。（右）

動物傳粉

　　只有10%的植物靠風力傳粉，其他都倚賴以昆蟲為主的動物傳粉。這可是有充分的理由。說到替花授粉，昆蟲比風更可靠、也更容易當作目標。像是蜜蜂和蝴蝶之類的動物傳粉者，為了要得到花粉或花蜜，會從一朵花移到下一朵花，也因而此為花粉提供了比較精確的路徑。這讓利用動物傳粉的花朵只需較少的花粉粒就能成功傳粉。與風媒花相比，這是很顯而易見的繁殖優勢。為了能牢牢黏在來訪的傳粉動物身上，利用動物傳粉的被子植物花粉通常不是有刺就是形狀奇特。這些植物的花粉粒上還經常會覆著一層花粉脂，這是一種黏性的脂質覆蓋物。有黏性的花粉，是幾百萬年來花朵與動物傳粉者共同演化出來的諸多適應之一。花朵還發展出有微妙區隔的宣傳與回報策略來吸引這些動物信差，它們「推銷」自己花朵的方式，完全取決於想吸引的是哪一類動物。

科氏長舌蝠（*Glossophaga commissaris*，美洲葉鼻蝠科）替熱帶的茄科植物 *Markea neurantha* 的花朵授粉。（左頁）

肥皂樹（*Alphitonia excelsa*，鼠李科）花上的一隻蜜蜂。（右下）

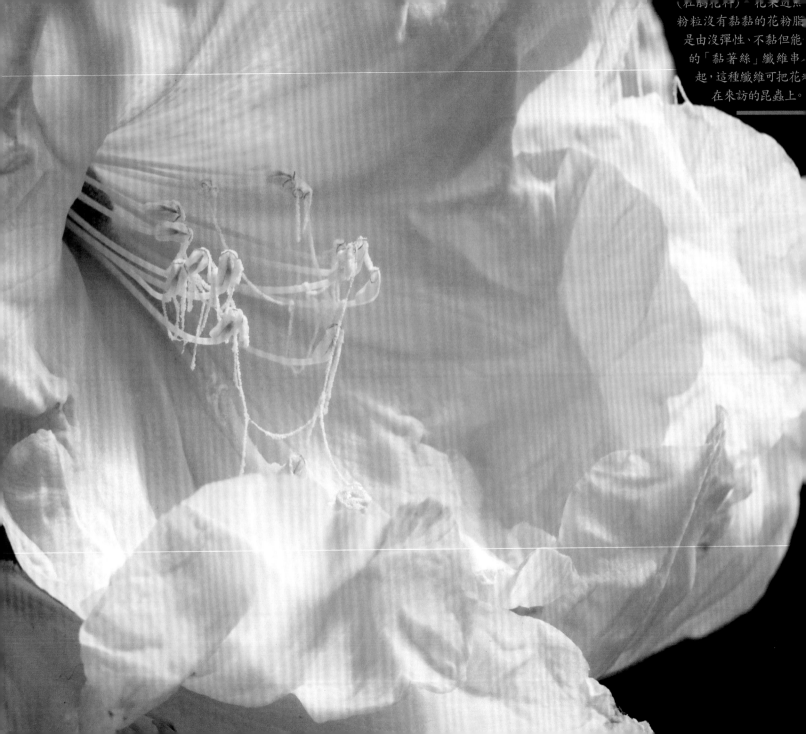

（粒胸花科）。花朵送出
粉粒沒有黏黏的花粉脂
是由沒彈性、不黏但能
的「黏著絲」纖維串
起，這種纖維可把花
在來訪的昆蟲上。

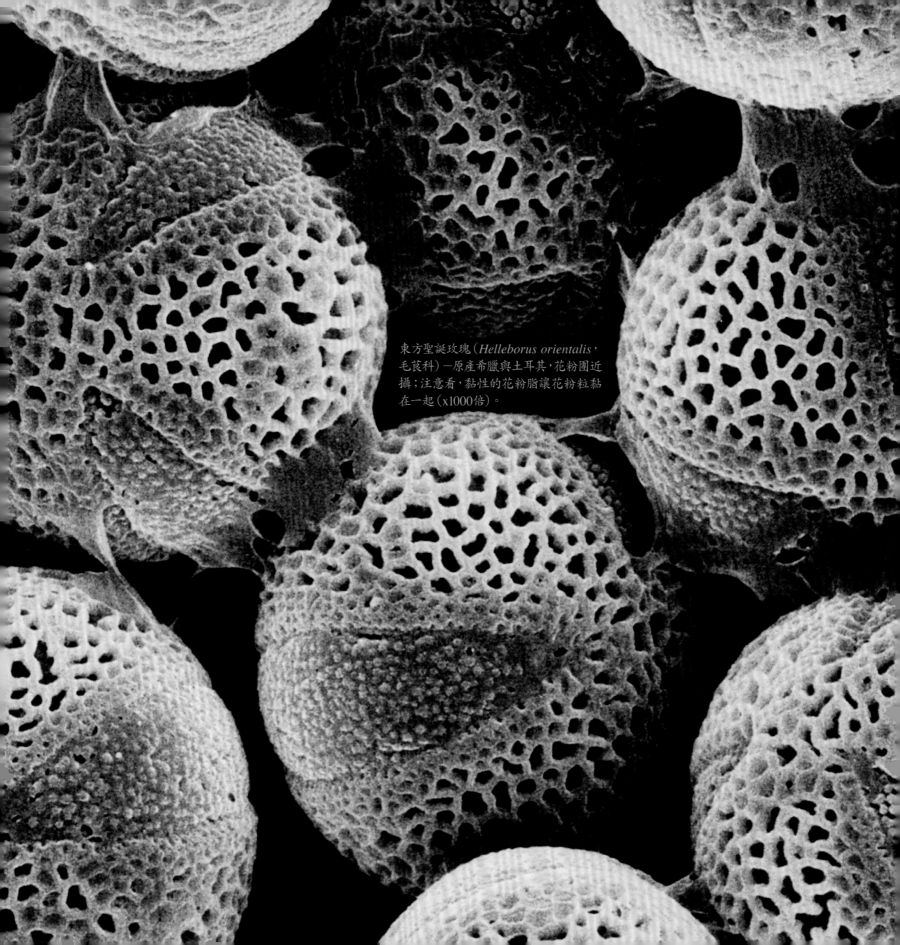

東方聖誕玫瑰（*Helleborus orientalis*，毛茛科）—原產希臘與土耳其，花粉團近攝；注意看，黏性的花粉脂讓花粉粒黏在一起（x1000倍）。

情人眼裡出西施

不同動物的體型大小、視力與嗅覺的靈敏度
與喜好都各有不同。被子植物的花朵，
會與昆蟲、鳥類或蝙蝠等特定族群的
特殊喜好（例如色彩、氣味與食物）和身
體特性（如體型、吻的長短）共同適應，有時
甚至會針對某一種蜜蜂、蝴蝶、蛾或甲蟲產生特化。
藉由這樣的共同演化，被子植物發展出一套非常有
效率的方法，以避免錯誤的花粉種類落在自己的柱
頭上。針對授粉動物作出的適應，包括了氣味、花
蜜與花粉等引誘劑；不過因為蜜源器官（**蜜腺**）的生長位
置有策略上的考量，動物必須先碰到花藥與柱頭才能接觸
花蜜，這可是關鍵。動物引誘劑還包括花朵的氣味、顯而易
見的色彩圖案（**蜜源標記**），有些植物甚至還會對昆蟲作擬
態。這些與動物傳粉者的共同適應，也是如今開花植物能發
展出各種多采多姿、讓人愛不釋手的花朵的主因。這也解釋了
為何某些花朵不但有鮮豔的色彩，還散發著怡人的幽香（如玫
瑰花或梔子花），而其他的卻沒那麼討人喜歡，尤其是那些特別
演化來討好麗蠅的花，不管是看起來、聞起來都像死掉的動物（如
魔芋屬、馬兜鈴屬、龍芋屬、大王花屬和豹皮花屬）。有些蘭花甚
至誇張到介入傳粉者的性生活，竟然模仿可能的交配對象，比如蜂蘭；還有些蘭花會擬態成雄性對手（如
Oncidium planilabre 這種文心蘭），更是讓可憐的「求婚者」氣急敗壞，非得擊退牠不可。

　　雖然昆蟲是目前為止最重要的傳粉者，不過也有許多花適應了讓脊椎動物協助傳粉，主要是鳥類與蝙蝠，
但還有其他的小型哺乳類和有袋類也擔任同樣的角色。開花植物經過演化，以便和特定種類授粉者相呼應、相
配合的這許多種適應現象，就稱為**授粉綜合特徵**。

蘿藦（*Orbea lutea*，
夾竹桃科）－原產非洲南部；適應
了麗蠅傳粉，花朵邊緣有毛（擬態
死掉動物的毛皮）並散發腐臭味。
（左頁）

蜂蘭（*Ophrys apifera*，蘭科）－
原產歐洲與北非；花朵擬態雌蜂
外型以吸引雄蜂，雄蜂試圖交配
時就會替花授粉。（左）

商陸（*Phytolacca acinosa*，商陸
科）－原產亞洲東部；花朵，直徑
7.5公釐。（上）

昆蟲授粉綜合特徵

昆蟲不僅是歷史最悠久的傳粉者、也是其中最大的一群。有超過65%的被子植物開的是蟲媒花。其中最重要的參與者就是蜜蜂、蝴蝶和蛾。在演化的過程中，植物與昆蟲之間發展出一種非常親近的夥伴關係。這兩者的結盟對雙方來說都非常重要，結果不止是植物適應了昆蟲的需求，就連昆蟲也演化（共同適應）成「去適合那些花」，像是改變自己的身體型狀、口器與覓食行為等。事實上，在1億2000萬到1億3000萬年前間，昆蟲與開花植物的分化與種化狀況都極為驚人，顯示出昆蟲與開花植物的共同適應，可能就是被子植物起源與分化時最具影響力的因素。

一隻義大利蜂探訪矢車菊（*Centaurea cyanus*，菊科）。（左頁）

黑心菊（*Rudbeckia hirta* 'Prairie Sun'，菊科）一頭狀花序（頭狀花）平常狀態下的模樣；同一個頭狀花序在紫外光下的模樣，顯露出蜜蜂眼中所見的「靶心」圖案蜜源標記。（左頁下）

西洋熊蜂後腿上的錦葵（*Malva sylvestris*，錦葵科）花粉（x100倍）。（上）

蜂媒花

最重要的傳粉昆蟲類群就是蜜蜂。蜜蜂的種類約有2萬種，我們所熟知的義大利蜂（*Apis mellifera*）只是其中之一。蜜蜂是非常有效率的傳粉者，很多植物為了彼此的利益都和蜜蜂共同適應。蜜蜂是社會性昆蟲：牠們收集花蜜（作為能量來源）與花粉（給幼蟲的蛋白質來源）來維持蜂群。因此由蜂媒花（擁有蜜蜂授粉綜合特徵的花）所提供的回報，就會包括花蜜與黏黏的、有時也有香味的花粉。蜂能看見的光並不包括紅色，卻延伸到紫外線，這是人類肉眼看不到的顏色。為了要從植物的綠葉中襯托出花朵，引起蜂的注意，蜂媒花大多是黃色或藍色。如果你覺得這些花看起來潔白明亮，通常那就是會強烈反射紫外線的花。有一種稱為蜜源標記的顯眼彩色圖案，會指引蜜蜂找到花蜜，就像飛機跑道上的白線會指引飛機前往安全的降落地點一樣。有些蜜源標記位於人類的可見光譜內，也有些是位於紫外線光譜內。有些蜂媒花可能會以盤狀的平坦花朵或花序（像是向日葵的頭狀花）為昆蟲提供降落平臺。其他蜂媒花則可能有左右對稱的花朵（能以單一平面分割成鏡像的兩半的花），而增大的下唇則當作歇腳平臺之用。某些演化得較先進的科，像是玄參（玄參科）、薄荷（唇形科）、車前草（車前草科）就都有對稱的花朵，並有花瓣融合成管狀，只讓它們喜歡的傳粉者進入。而金魚草（金魚草類、車前草科）就只會為體型又大又重的蜜蜂或雄蜂開放，因為小型的蜂太輕了，沒辦法把擋住花瓣筒入口的唇瓣往下壓。

歐洲七葉樹（*Aesculus hippocasta-num*，無患子科）—原產歐洲東南部；花朵與花粉粒（x3000倍）；左右對稱花，花瓣上有彩色斑點做為蜜源標記，是典型的蜜蜂授粉綜合特徵。

紅石竹（*Silene dio-ica*，石竹科）—原產歐洲；花朵與花粉粒（x2000倍）；扁平如盤狀的花冠（降落平臺），紅色、狹窄的花瓣筒與隱藏在深處的花蜜，是蝴蝶授粉綜合特徵的典型花朵特徵。

蝶媒花與蛾媒花

　　蝴蝶和蛾也是重要的傳粉昆蟲。這兩種動物都有長長的
舌頭（吻），是一種特別適應來進食／吸食的食料管，
不用的時候就像彈簧圈一樣捲起來，收在昆蟲頭部
下面。蛾是夜行性的昆蟲，嗅覺很強；蝴蝶則是
日行性，倚賴的是視覺，而不是很糟糕的嗅
覺。蝴蝶可見的光包括紫外線，還有和蜜
蜂與大部分的昆蟲不同的紅色。典型的蝶媒花只有淡香，卻有鮮明的色彩；
紅色、粉紅色、紫色和橘色是蝴蝶的最愛。蝶媒花和蜂媒花一樣也有蜜源標
記。這些是因應蝴蝶要停下來才能用長吻進食的方式所作出的適應。蝶
媒花可能會有盤狀的降落平臺，還有豐富的花蜜藏在細長的管子或
花距中，讓只有短吻
的昆蟲吃不到。蛾
也和蝴蝶一樣，已
經適應用長吻探入管狀
花，以尋找花蜜這種主要食物來
源。然而，因為牠們是夜行性動物，
所以比較容易吸引牠們的會是香氣
而非色彩。典型的蛾媒花
植物適應白色或淡粉紅色的花朵，而沒有蜜源標記；這些花會在
夜間開放，散發強烈、香甜的氣味，通常連人類也會被吸引。許
多蛾媒花還長著適應特定蛾類的長花距，免得它們不想要的花粉
被灑在柱頭上。

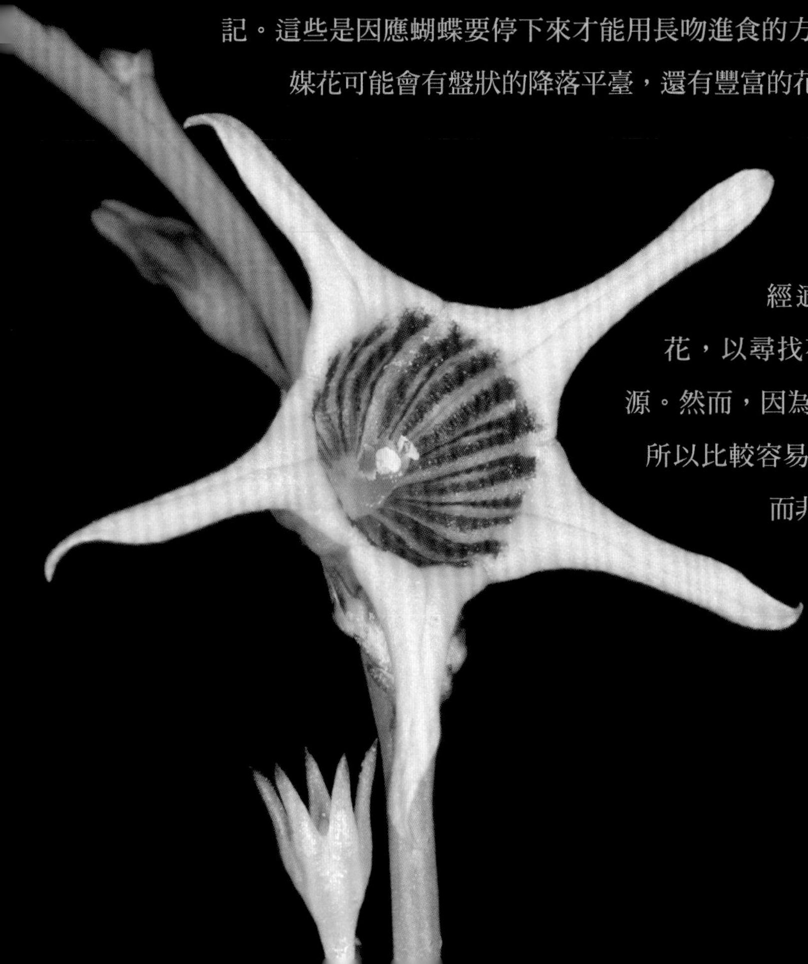

停在馬纓丹（*Lantana camara*）花上的大樺斑蝶。（左頁）

大彗星蘭（*Angraecum sesquipedale*）的授粉必須倚賴巨大的天蛾（*Xanthopan morganii praedicta*）。這是唯一一種舌頭夠長、能觸及深藏大型距（30–35公分長）中花蜜的昆蟲。（右）

紅紋條花（*Anthocercis ilicifolia*，茄科）—原產澳洲西部；這種花的傳粉媒介不明，不過微妙的香氣指向蛾類傳粉。（左）

由於某些花朵與它們偏愛的傳粉者之間的共同適應實在太過明顯，所以達爾文在尚未親眼見到的狀況下，就預測出了大彗星蘭（*Angraecum sesquipedale*）的傳粉者。他發現這種花背後長著一個長達30−50公分的中空大花距，就假設一定有一種舌頭很長，可以伸進花距、探到最底下花蜜的昆蟲，而且很可能是一種蛾。直到達爾文過世幾十年之後，他的推論才被證實。20世紀早期，在馬達加斯加發現了一種巨大的天蛾，具有長達22公分的吻部，被命名為 *Xanthopan morganii prae-dicta*（其中 *praedicta* 的意思就是「被預測到的」）。雖然這種昆蟲在1903年就已經命名、經過描述，但直到達爾文預測之後的130年，才終於證實這種天蛾就是大彗星蘭的傳粉者。1992年，德國動物學家魯茲・瓦瑟索前往馬達加斯加調查，到這種罕見天蛾的原生棲地尋找牠的蹤跡。這趟調查非常成功，瓦瑟索帶回了轟動的照片，這也是第一份確鑿的證據，證實 *Xan-thopan morganii praedicta* 的確是大彗星蘭的傳粉者。但還有一個問題，天蛾為何會發展出長度這麼不合理的吻部？答案就在天蛾的進食策略。大部分的天蛾會停留在花朵前方的空中一邊振翅一邊進食，瓦瑟索認為，這種昆蟲極長的吻部和這樣的飛行方式是為了躲避埋伏的獵食動物所做出的適應，避開像是藏身花朵間的獵食性蜘蛛。可能的演化推測是，天蛾先發展出這種特長的口吻部作為防禦機制，而花朵也接著改變了自己的形狀，以招徠早已改變得很合適的天蛾作為傳粉者。

Impatiens tinctoria（鳳仙花科）─原產非洲；有深紅色的喉部、修長的蜜距和宜人的夜間香氣，這種熱帶的鳳仙花顯然適應了蛾類傳粉。（左）

蛇瓜（*Trichosanthes cucumerina*，瓜科）─原產亞洲；標準適應蛾類傳粉，這種瓜科攀緣植物生長在熱帶與亞熱帶，白色的花朵香味濃烈，外型彷彿蕾絲，只綻放一夜；人類栽培這種植物是為了它那像蛇一般的長條狀果實，蛇瓜在亞洲是一種蔬菜。（右頁）

蒼蠅與甲蟲傳粉者

以蒼蠅和甲蟲為傳粉者的情況比較少，但同樣重要。特定植物和這些動物共同適應出來的授粉綜合特徵有的相當驚人，尤其是那些仰賴蒼蠅為授粉者的植物。蒼蠅傳粉可分為兩大類。**蠅類授粉**是由本來就吃花粉與花蜜的蠅類來傳粉，如食蚜虻；另一類則利用糞蠅與麗蠅這類通常以糞便或腐肉為食、通常也在上面產卵的蠅類。利用蠅類授粉的花朵，包括多種大戟類的花，這些花朵通常深度較淺、顏色較淡，也比較容易取得花蜜。這些花朵有香味，不過通常很淡。利用腐食性蠅類授粉的花朵，會根據糞蠅與麗蠅令人不悅的食性與繁殖習慣來擬態，長出外觀與氣味都像腐爛有機物的花朵。

這些花通常呈黯淡的棕色、紫或暗紫色（如昂天蓮 *Abroma augusta*，錦葵科）或綠色（如 *Deherainia smaragdina*，師歐非瑞士科）。它們最大的特徵就是會散發出令人作嘔的腐臭味。特定的糞食性或腐食性甲蟲也會受這類花朵吸引，而不會跑到其他迎合吃花粉甲蟲的花朵上。由於甲蟲是體重較重、破壞性較大的訪客，所以這類花朵通常較大、較強韌，且呈碗狀（如木蘭類、罌粟類和鬱金香類）。如果是花朵小、但數量多且茂密叢生的花序，如胡蘿蔔家族（繖形科），也會吸引甲蟲。甲蟲傳粉的花朵可能沒有氣味、也可能散發強烈的水果味（如美國夏臘梅 *Calycanthus floridus*），並以豐富的花粉作為回饋，不過通常只有些許花蜜、或根本沒有。花朵顏色一般是黯淡的白色至深紫色，也可能是明亮的紅色，並且有蜜源標記，像罌粟類的花朵（如虞美人 *Papaver rhoea*）、以及鬱金香（如 *Tulipa aememsis*），這類花朵的主要傳粉者是金龜子，其次是蜜蜂。

昂天蓮（*Abroma augusta*，錦葵科）—原產亞洲與澳洲；如燈籠一般的紫棕色花朵由很小的稈稈蠅科蠅類傳粉，這種蠅的幼蟲為腐食性，以螞蟻與鳥類巢中的有機物維生。（左頁）

海葵蘿藦（*Huernia hislopii*，夾竹桃科）—原產非洲；典型的腐臭花，擬態腐肉蒼蠅喜歡產卵的腐爛肉類外形與氣味。被騙的蒼蠅在花朵喉部產卵（注意看白色的卵團）時，也糊裡糊塗當了傳粉者。（上）

加州蠟梅（*Calycanthus occidentalis*，蠟梅科）—局限分布於加州；這種灌木有強健的大型花朵，由甲蟲授粉。（右）

鳥類授粉綜合特徵

在由動物授粉的開花植物中，有將近80%適應了昆蟲授粉。不過也有許多熱帶物種所演化出來的花朵，明顯是為了吸引鳥類作為傳粉者的。最重要的傳粉鳥類包括美洲地區的長喙蜂鳥（蜂鳥科）、非洲與亞洲的太陽鳥（吸蜜鳥科），還有澳洲的食蜜鳥（食蜜鳥科）等適應完美的種類。鳥類和蝴蝶一樣，色彩視覺絕佳但嗅覺卻不怎麼靈光。適應鳥類傳粉的花朵通常不芳香但色彩鮮豔，主要是紅色、粉紅色、橘色、黃色、甚至綠色，或是這些顏色的組合。至於形狀則有很大的差異。如果是由太陽鳥或食蜜鳥傳粉的植物，就會提供踏腳的地方，像是莖、花梗或附近含苞未放的花。在澳洲，山龍眼科中的貝克斯屬、銀樺屬與泰洛帕屬，以及桃金孃群中的桉屬，都有由許多較小花朵聚生而成的碩大刷子狀花序以吸引食蜜鳥。

有些花朵吸引的是能停留在半空中的訪客（大多是長喙的蜂鳥），通常這類花朵沒有地方可供落腳，花朵基部則有又長又硬的花筒，裡面分泌了大量容易消化、富含葡萄糖的花蜜。蜂鳥授粉的花朵通常是朝下開或呈懸垂狀，鳥兒必須停留在花朵下方的空中，把喙朝上插進有花蜜的狹長花距。過程中鳥兒的頭上會沾到花粉。就像蝶媒花和蛾媒花一樣，鳥媒花的花瓣筒和鳥類的進食器官在長度方面也有很大幅度的共同適應。

褐喉太陽鳥（*Anthreptes Malaconsis*）。（左頁）

歐石楠（*Erica regia*，杜鵑花科）—原產於南非獨特的凡波斯矮林植被地區；懸垂的管狀紅花，指向鳥類授粉綜合特徵。這種植物強壯的枝椏能支撐來訪花吸花蜜的太陽鳥。（上）

紅火球帝王花（*Telopea speciosissima*，山龍眼科）—局限分布於澳洲的新南威爾斯；花序的粗壯質地和火紅色彩指向鳥類傳粉綜合特徵。在原產的新南威爾斯地區，食蜜鳥是主要的傳粉者。（左下）

蝙蝠授粉綜合特徵

　　到目前為止，哺乳動物中最重要的傳粉者就是熱帶蝙蝠。全世界約有1000種蝙蝠，大部分都是吃昆蟲的。不過，在舊世界蝙蝠與新世界蝙蝠中，有兩個類群各自演化出對花粉、花蜜與果實的熱愛。舊世界熱帶地區中，以素食維生的是大蝙蝠科的果蝠，也就是狐蝠。牠們是大翼手超目（意為大蝙蝠）中唯一的一科，這樣命名是因為這個科有全世界最大的蝙蝠。雖然這個科最小的成員體長從頭到尾只有6-7公分，不過有些狐蝠的體長可長達40公分，展翼可達1.7公尺。大蝙蝠科廣泛分布於非洲、亞洲與澳洲的熱帶與亞熱帶地區，有超過160個種類。在新世界地區（美洲），和牠們一樣喜歡花朵與果實的蝙蝠通常體型較小，屬於小翼手目（小蝙蝠）中的美洲葉鼻蝠科。舊世界果蝠的聽覺器官相對來說較簡單，新世界果蝠則不然，牠們會以高度發展的回聲定位來導航。大蝙蝠科缺乏回聲定位器官，靠視覺避開障礙，以嗅覺找尋花朵與果實，只有一個例外，就是埃及狐蝠（*Rousettous egyptiacus*）。這兩個類群在食性喜好上也有些微差異。舊世界果蝠要不是只吃花粉花蜜、就是只吃果實，而牠們在新世界的表親卻沒那麼強烈的共同適應，牠們並沒有變成素食者，還是會吃昆蟲來取得大量蛋白質。典型的蝠媒花有一套非常清楚的特徵。這些花都是夜間開放，通常花型大、開口也大，呈鐘型或盤狀，以配合蝙蝠的頭部，花朵質地強韌，色彩不鮮明（白色到奶油色、甚至綠色，不過也有一些是粉紅色、紫色或帶棕色），有強烈的包心菜或發酵果實氣味，還會產生大量的水狀花蜜。蝠媒花通常會長在葉叢外面，方便蝙蝠親近，若不是直接長在樹幹、粗枝上，就是有長長的花梗，從樹枝上垂下來。

典型的蝠媒花

　　紫葳科中就有典型的蝠媒花物種，像是非洲的臘腸樹（*Kigelia pinnata*）和美洲的蒲瓜樹（*Crescentia cujete*），其他的例子則包括熱帶美洲的花蔥科中的電燈花（*Cobaea scandens*），和許多種柱狀仙人掌，像是巨仙人柱（*Carnegiea gigantean*）、多刺摩天柱（*Pachycereus pringlei*）和燭臺掌（*Stenocereus thurberi*，或譯管風琴仙人掌）。也有些蝠媒花呈刷子狀或針插狀：有大型的花朵、或是長著許多招搖雄蕊的叢生花序，這些雄蕊通常是要給蝙蝠當食物（代替花蜜）的。像是非洲的猢猻木（*Adansonia digitata*，錦葵科）的花，就有高達2000根雄蕊。和其他授粉綜合特徵一樣，蝙蝠會去拜訪的花朵並不一定百分之百符合蝙蝠授粉綜合特徵，許多花朵都有多種授粉者會去光顧。像是砲彈樹（*Kigelia africana*）就有夜間開放的血紅色花朵，不只吸引蝙蝠，也會吸引蛾類和太陽鳥。

臘腸樹（*Kigelia pinnata*，紫葳科）—原產熱帶非洲，其花朵香氣芬芳、色澤褐紅、花蜜豐富，從繩索般的長花莖上垂下，方便蝙蝠靠近。主要傳粉者是蝙蝠，不過昆蟲和太陽鳥也會來訪花。（左頁）

猢猻木（*Adansonia digitata*，錦葵科）—原產非洲，10-20公分大的白色花朵夜間開放、氣味香甜，從長花莖上垂下，蝙蝠可輕鬆靠近，享用豐富的花蜜。雄蕊排列像粉撲，是典型蝠媒花排列方式，確保這些訪客沾上許多花粉。（上）

蜜鼩（*Tarsipes rostratus*，蜜鼩科）一這種嬌小的澳洲有袋類是高度適應的傳粉者，完全以花蜜和花粉維生，尤其是山龍眼科的瘦長花朵。牠尖瘦的吻部幾乎沒有牙齒，有一條長長的舌頭和刷子似的舌尖，顯然相當適應特化的生活方式。

奇特的傳粉者

物種豐富的熱帶與亞熱帶棲地，有其他許多種小型哺乳動物可能會在覓食時傳播花粉。旅人蕉（*Ravenala madagas-cariensis*，旅人蕉科）雖然主要是靠鳥類傳粉，但也適應了狐猴傳粉。報告指出在夏威夷有一種名為「白眼鼠」的小型夜行性鼠類，會爬到蔓露兜（*Freycinetia arborea*，露兜樹科）上啃食花序上多汁的苞片，其實那是植物用來吸引果蝠的。在澳洲，也有一些小型有袋類在覓食時會順便傳播花粉。某些種類並不具備傳粉者的適應特徵，不過另外一些種類，像是蜜鼩（*Tarsipes rostratus*）就是高度適應的傳粉者。蜜鼩吃的是山龍眼科細長花朵裡的花蜜，牠們有非常突出的口吻部，牙齒很少或根本沒牙，舌頭又長又窄，舌尖像刷子一樣。

最奇特的授粉機制，出現在中國和日本的萬年青（*Rohdea japonica*，假葉樹科）的花上。這些花聞起來像爛掉的麵包，會吸引蛞蝓和蝸牛來吃肉質的花朵；當牠們到處爬的時候，覆滿黏液的身體上沾到的花粉就會被傳播出去。由蝸牛和蛞蝓傳粉的例子很少見，只有在另外六種植物上有發現，主要都是天南星科植物（如海芋 *Calla palustris*、*Colocasia odora*、*Philodendron pinnatifidum*，以及浮萍 *Lemna minor*）。

動物傳粉的優勢

有了專屬的私人特使服務，開花植物就能避免與相近的種類近親繁殖。這種遺傳隔離機制效果極佳，在相對較短的時間內就能演化出新物種，即使親緣關係最接近和次接近的親戚就在附近也無妨。已經適應特定花朵的傳粉動物，可能要穿越很遠的距離才能抵達同物種的另一朵花。這樣一來，特定區域內的植物種類多，但同一物種的數量少，就能增進植物群落的多樣性。有些物種仍然持續運用這種策略，蘭花就是最佳例子。蘭科植物的花朵是被子植物之中最精巧的，種類超過1萬8500種，也是地球上所有開花植物中最大、最成功的一群。也唯有這種選擇性極強的授粉機制，才能讓750多種蘭科植物同時生長在同一座山裡面——神山（婆羅洲）。不管是以哪種方式傳粉，胚珠一旦受精，花朵就準備要變成果實：花瓣枯萎掉落、胚珠增大、開始長成種子，子房也開始擴張，好讓發育中的種子能長大；子房壁則會變成果壁（**果皮**）。

Fragaria x *ananassa*
（薔薇科）－草莓；僅見
於栽培；幼果－果（聚合型
核果）；草莓的花有許多分開
的心皮，排列在凸起的花軸上。
隨著花變成果，花軸也跟著長成果
實中肉質的可食部位。心皮本身則會變
成棕色的迷你小堅果，陷入肉質容器中。
每個心皮宿存的花柱造成草莓外表剛毛
般的質感；直徑1.2公分。（左）

Citrus margarita（芸香科）－金棗；好幾
世紀前已經馴化，可能源自中國南
方；果實剖面圖；柑橘科果實的可
食部分，含有小小的「果汁囊」，
從子房壁內側表面冒出；直徑
2.1公分。（右頁）

果實與種子

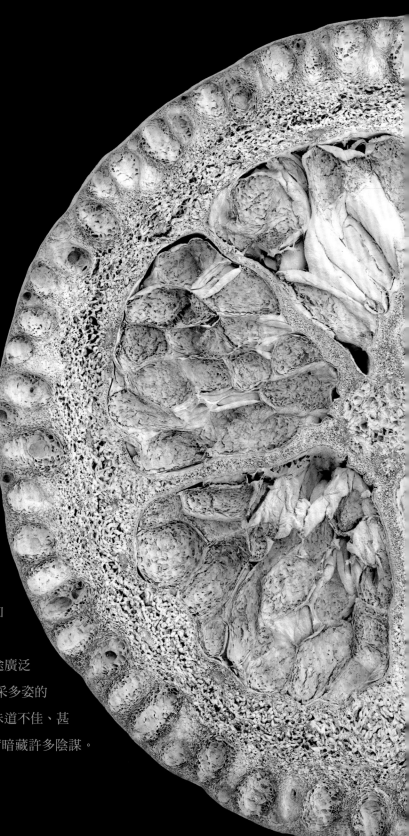

果實這個詞會讓人聯想到許多東西：爽脆的蘋果、甜美的櫻桃、芳香的草莓，和香蕉、鳳梨和芒果等熱帶的美味。全世界大概有2500種可食用的熱帶果實，但大部分只有原住民會就地運用。不過，不管是熱帶的、亞熱帶的或溫帶的果實，我們總有許多方法來享用。吃新鮮的果實，加以乾燥、煮熟或做成蜜餞吃，可以加進優格、冰淇淋、果醬和餅乾裡；還能做果汁、咖啡或酒精飲料。有些則當香料用：胡椒粒、肉荳蔻、小荳蔻、丁香，還有辣椒。其中身價最高的是香草蘭（*Vanilla planifolia*）的發酵果莢（「香草豆」），這是巧克力、冰淇淋和其他多種甜點會使用的高價調味料。另外像是西非的油椰子（*Elaeis guineensis*）和油橄欖（*Olea europaea*）則是拿來榨油，以取得珍貴的油脂。對人類來說很重要的還有數不盡的其他種種果實，諸如纖維、染料與藥物等東西的自然原料來源，或單純的裝飾品。

對我們來說，果實真的是大自然的恩賜、為人類提供了美味和用途廣泛的物品。不過，凡此種種卻沒有告訴我們，為什麼植物會產生這麼多采多姿的果實。再說，有許多果實是不能吃的，不是因為又乾又硬，就是因為味道不佳、甚至有毒。大自然中的果實為什麼會多樣到不可思議，背後的真相其實暗藏許多陰謀。

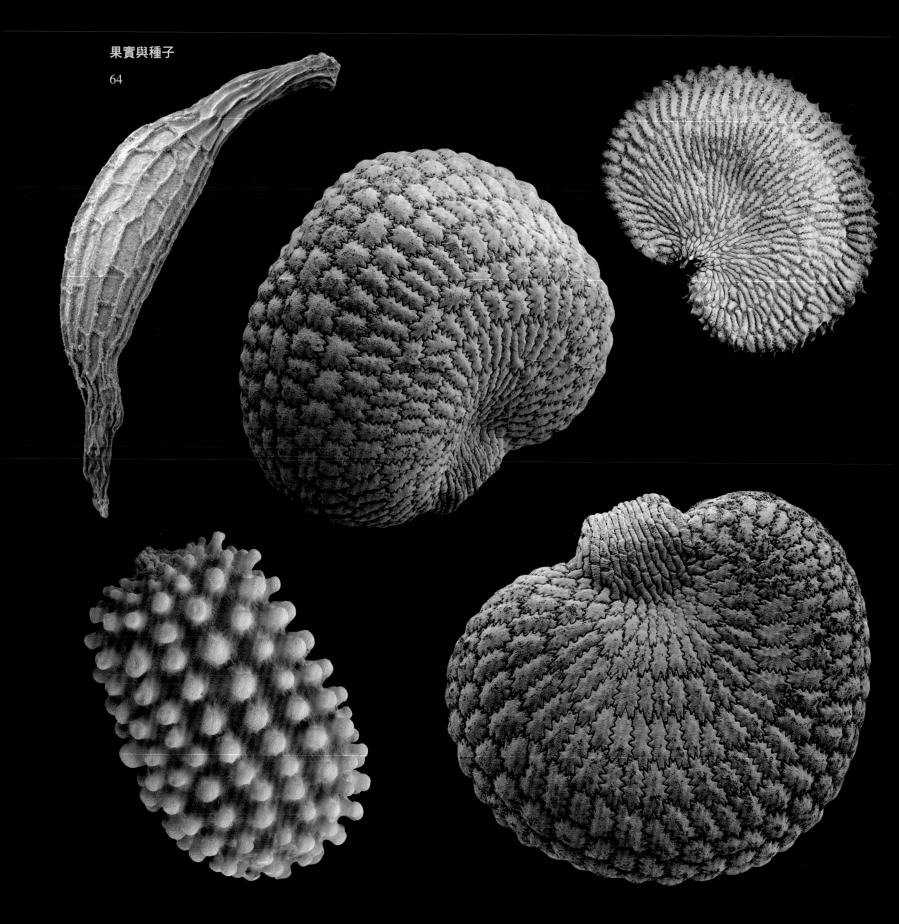

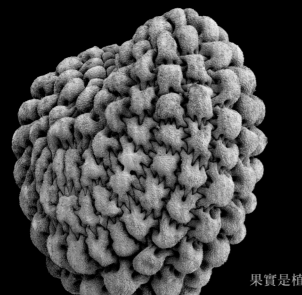

果實是植物求生策略的一部分。植物所孕育、保護的種子，是植物所有器官中最複雜、也最寶貴的一種，因為它們帶著植物的下一代。除了花粉以外，植物體唯一能旅行的部位就是種子。植物跟動物不同，植物是固著在地上的。然而，種子在自己的出生地發芽通常沒有好處。幼苗必須和親株與其他手足爭奪空間、光線、水分和養分；也可能要面對其他不利的狀況和危機，像是原本就已經被親株引來的捕食者與疾病。旅行讓植物有機會在新地點生長，藉此擴張該物種的勢力範圍。到頭來，種子能否抵達適當的地方萌芽並成長苗壯，關係到的其實是整個物種的存續、而不是單一植株的生存。果實一旦成熟，就必須設法達成它真正的生物功能，也就是讓果實裡的種子傳播出去。

　　果實與種子在植物生活中所扮演的關鍵角色，解釋了植物在演化過程中為何會發展出各式各樣的傳播策略。這些功能性的適應或許顯而易見又賞心悅目（例如洋桐槭與光臘樹適應了風力傳播的有翅種子），要不就是造就了工程傑作般的構造，所以不管是不是生物學家都會對果實和種子非常著迷。它們的傳播策略不管是利用風、水、動物、人類，或是植物本身的爆炸力量，全都反映在變化無窮的各種顏色、大小與形狀上。

納塔爾毛氈苔
（*Drosera natalensis*，茅膏菜科）－原產非洲南部及馬達加斯加；種子0.8公釐長。（左頁左上）

海濱麥瓶草（*Silene maritima*，石竹科）－原產歐洲；種子，1.3公釐長。（左頁中、右下）

匙葉麥瓶草（*Silene gallica*，石竹科 *Caryophyllaceae*）－原產歐亞大陸與北非；種子，1.5公釐長。（左頁右上）

Crassula pellucida（景天科）－原產南非；種子，0.8公釐長。（左頁左下）

刺繁縷（*Stellaria pungens*，石竹科）－原產澳洲；種子，1.5公釐長。（左上）

黃筆刷（*Castilleja flava*，列當科）－原產北美洲；種子，1.5公釐長。（上）

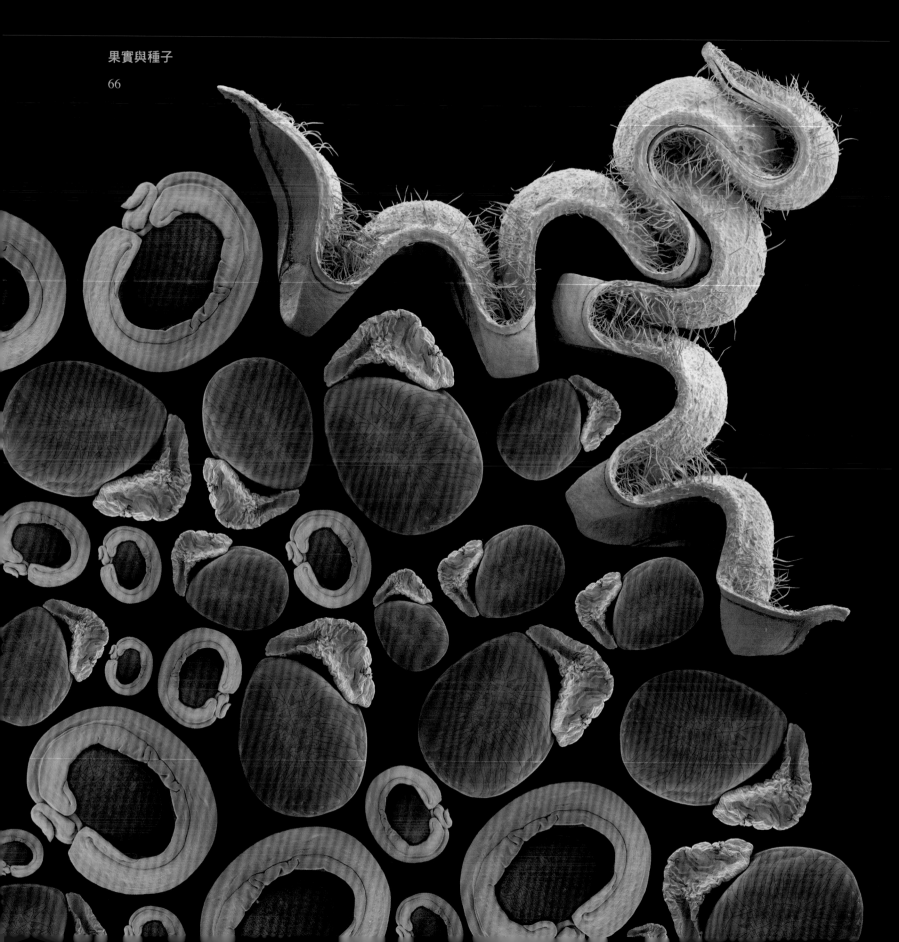

植物的行動力

　　有些果實會裂開，把種子散播在環境中（裂果），有些就算成熟了也不會打開（不開裂果）。根據果實類型的不同，傳播單位（**繁殖體**）的性質也會有所差異。以**蓇葖果**和其他裂果來說，繁殖體是種子本身。而像**漿果**（有肉質果皮）、**堅果**（有又硬又乾的果皮），或是**核果**（有肉質外果皮，中間的種子外層還有一層硬殼）等不開裂果，繁殖體就是整個果實。另外還有一些果實，成熟果實本身是一整串的成熟花序，也就是**果序**。我們熟悉的這類的複合果包括有鳳梨和桑科植物中的一些美味成員，包括黑桑（*Morus nigra*）、無花果（*Ficus carica*），還有最引人注目的、熱帶的波羅蜜（*Artocarpus heterophyllus*）。波羅蜜的果實甚至能長到90公分長、40公斤重，堪稱地球上最大的樹生果實。

　　繁殖體可能是種子、是整個果實或果序、也可能是果實的一部分：以槭樹類（槭樹類，無患子科）來說，果實不會打開，但會裂成兩片，稱為**小果**。不管是哪種類型的繁殖體，植物的主要傳播策略共有四種：依賴自然過程傳播（風力、水力傳播）、果實主動播種，或是經由適應、遊說或引誘，讓動物信差來服務（動物傳播）。種子植物的繁殖體之所以這麼多采多姿，主要就是對這四種傳播機制的適應結果。繁殖體的傳播策略通常會反映在果實的外觀上，能從形狀、色彩、密度與大小看出端倪。

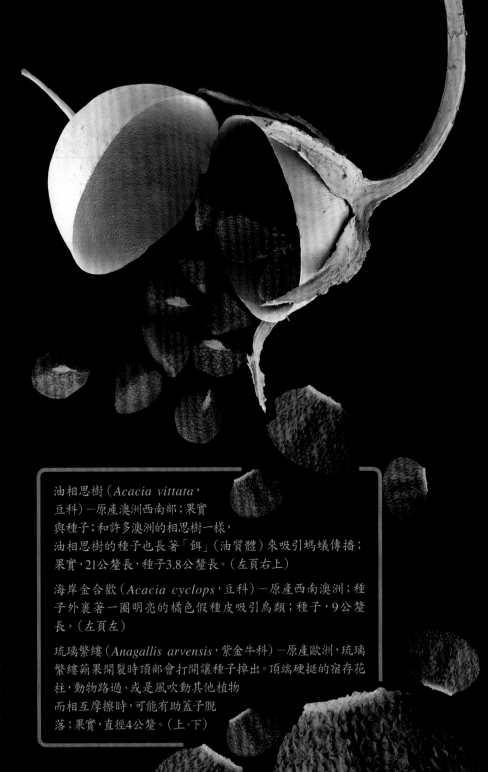

油相思樹（*Acacia vittata*，豆科）－原產澳洲西南部；果實與種子；和許多澳洲的相思樹一樣，油相思樹的種子也長著「餌」（油質體）來吸引螞蟻傳播；果實，21公釐長，種子3.8公釐長。（左頁右上）

海岸金合歡（*Acacia cyclops*，豆科）－原產西南澳洲；種子外裹著一圈明亮的橘色假種皮吸引鳥類；種子，9公釐長。（左頁左）

琉璃繁縷（*Anagallis arvensis*，紫金牛科）－原產歐洲，琉璃繁縷蒴果開裂時頂部會打開讓種子掉出。頂端硬挺的宿存花柱，動物路過、或是風吹動其他植物而相互摩擦時，可能有助蓋子脫落；果實，直徑4公釐。（上、下）

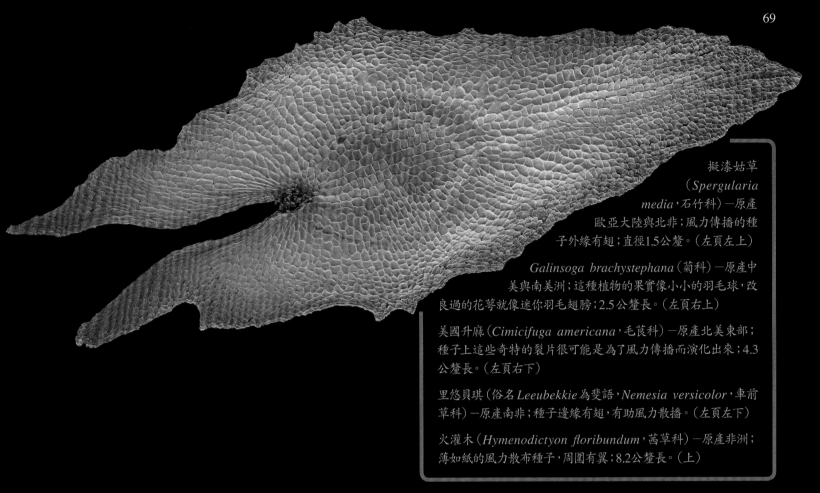

擬漆姑草
（*Spergularia
media*，石竹科）－原產
歐亞大陸與北非；風力傳播的種
子外緣有翅；直徑1.5公釐。（左頁左上）

Galinsoga brachystephana（菊科）－原產中
美與南美洲；這種植物的果實像小小的羽毛球，改
良過的花萼就像迷你羽毛翅膀；2.5公釐長。（左頁右上）

美國升麻（*Cimicifuga americana*，毛茛科）－原產北美東部；
種子上這些奇特的裂片很可能是為了風力傳播而演化出來；4.3
公釐長。（左頁右下）

里悠貝琪（俗名 *Leeubekkie* 為斐語，*Nemesia versicolor*，車前
草科）－原產南非；種子邊緣有翅，有助風力散播。（左頁左下）

火灌木（*Hymenodictyon floribundum*，茜草科）－原產非洲；
薄如紙的風力散布種子，周圍有翼；8.2公釐長。（上）

御風而行

　　適應結果最明顯的，就是利用**風力傳播**的那些繁殖體。翅膀、細毛、羽毛、降落傘或是像氣球似的氣室，都是風力傳播綜合特徵的明顯特徵。這些在結構方面的特化，會強化繁殖體的空氣動力特性或在空氣中的浮力。這些特性會表現在種子上，但如果是不開裂果的話，就會表現在整個果實上。不管運用哪一種器官，形成這些結構的組織通常由充滿空氣、細胞壁很薄的死細胞組成，使重量盡可能輕巧。

　　風似乎既不可靠又無法預測，不太適合把後代託付給它，儘管如此，風力散布還是有相當的好處。當氣流很強或是有風暴的時候，能把果實或種子帶到遠方，有時甚至可以飄到好幾公里外。御風而行很經濟實惠，因為不必為動物傳播者準備豐富的回饋禮物。風力傳播的最大缺點，在於繁殖體的傳播完全仰賴風向與風力。風力傳播毫無章法，也可能根本是浪費。大部分以風力傳播的種子前途黯淡，因為它們若是沒能抵達適合的地方，就長不成一棵新植物。因為不需要為比較可靠的動物製造獎賞，這類植物確實能省下一些能量，但這其中一部分又必須轉而用於生產大量可供浪費的種子上。

柳蘭（*Epilobium angustifolium*，柳葉菜科）─原產北半球；種子上有毛，有助於風力傳播；0.95公釐長（不含毛）。

冠花（*Artedia
squamata*，
繖形科）—局
限分布於賽普勒
斯與地中海東部地
區；風力傳播的扁平果實
邊緣長了一圈小翅膀；1公分長。（上）

冠野苣（*Valerianella coronata*，敗醬科）—原產
地中海、亞洲西南部與亞洲中部；果實有降落傘似
的大號花萼，尖端外伸，形成有鉤的棘刺，方便風
力傳播、也方便動物傳播；直徑5.2公釐。（右上）

毛泡桐（*Paulownia tomen-
tosa*，泡桐科）—原產中國；種
子邊緣具有裂開的翼，有助風
力傳播；4.4公釐長。（下）

Scabiosa crenata（川續斷科）—
原產地中海地區；這種植物的果
實追求雙重傳播策略：紙質的領
圈有助風力傳播，而粗糙的萼芒
則可勾住路過動物的毛皮；直徑
7.2公釐。（左下）

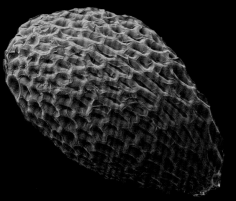

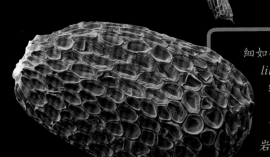

細如微塵

　　要確保能讓風進行長距離的傳播，最有效的策略就是大量製造極細小輕盈的種子。需要多少種子呢？舉例來說：熱帶美洲的天鵝蘭（Cycnoches chlorchilonu）的一個果莢中，就含有將近400萬顆種子；而以風力散布的蘭花種子（如根節蘭Calanthe vestita），最小一種的每公克種子數量就超過200萬顆；這類「微塵種子」有很大的表面積／體積比，能大幅降低在空中的下降速度；比方說，細小的蘭花種子下降速度約為每秒4公分，比榆樹的翅果慢，因為榆樹翅果掉下來的速度是每秒67公分。如果還有其他明顯的適應特徵，像是氣囊之類的，空氣浮力就能再增加。構成種子氣囊的包括大型的空細胞、細胞間的空隙、或是種皮與種子中心的胚之間的空間。具有這種空氣腔的種子通常稱為「氣球種子」。不具備空氣室的典型微塵種子，包括列當類（列當科）、毛氈苔（茅膏菜科），和許多杜鵑花科植物，像是歐石楠類和杜鵑類。氣球種子中最有名的當屬蘭科植物，不過也有其他許多植物，像是黏蟲菫（捕蟲菫類，狸藻科）、毛地黃（毛地黃類，車前草科）、和一些刺蓮花科植物（如智利刺蓮花 Loasa chilensis）。

細如微塵的種子：松露玉仙人掌（Blossfeldia liliputana，仙人掌科）－原產阿根廷與玻利維亞；種子有油質體，有助螞蟻傳播；0.65公釐長。這種全世界最小的仙人掌完全成長也只有12公釐。（左頁左上）

岩茨花毛氈苔（Drosera cistiflora，茅膏菜科）－原產南非，種子，0.5公釐長。（左頁右上）

粉紅毛氈苔（Drosera capillaris，茅膏菜科）－原產美國東部；種子0.6公釐。（左頁右中）

岩海大爪草（Spergularia rupicola，石竹科）－原產歐洲；種子，0.6公釐長。（左頁中左）

耐陰虎耳草（Saxifraga umbrosa，虎耳草科）－局限分部於庇里牛斯地區；種子，0.6公釐長。（左頁右下）

馱子草（Tolmiea menziesii，虎耳草科）－原產俄勒岡；種子，直徑0.6公釐。（左頁左下）

蘇格蘭歐石楠（Erica cinerea，杜鵑花科）－原產歐洲與北非；種子，0.7公釐長。（左上）

老虎蘭（Stanhopea tigrina，蘭科）－原產熱帶美洲；細小的風力散布種子有寬鬆的袋狀種皮；0.66公釐長。（右上）

列當（Orobanche sp.，列當科）－蒐集於希臘；種子，0.35—0.4公釐長。（下）

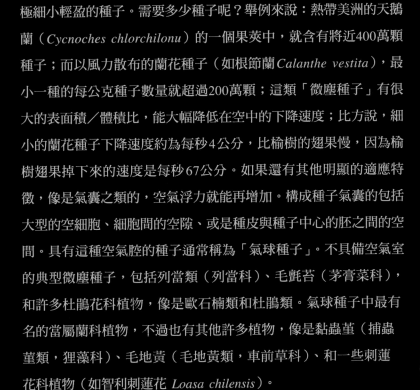

造化之奇

　　植物為適應風力傳播而演化出來的種子，結構上不但頗具美感，也經常是工程上的傑作。前面提到的微塵種子與氣球種子，已經展示了所有種子結構中最奇特的一部分，但這些難以想像的複雜奇巧，卻只有在高倍率放大下才能看出端倪。產生這類種子的科雖然大多關係疏遠，卻可能展現驚人的同質性。就算不是每個科都如此，仍有許多科種子的單層種皮上，都有截面為等徑或呈狹長型的獨特蜂巢結構。這種蜂巢式樣能在厚度最薄、重量最輕的狀態下，確保運送的貨物有最佳的穩定性。生物界與非生物界中都可以找到這種蜂巢結構：如石墨中的碳原子排列方式，及蜜蜂的蜂巢均是如此。蜂巢結構不但出現在某些植物種類的花粉表面，也被運用在現代建築工程上，以蜂巢狀核心來支撐夾層結構的穩定度（例如飛機的機艙門和其他輕量部件）。以種子來說，這種蜂巢結構是由單層種皮上充滿空氣的死細胞構成。徑間壁略厚，但外壁則通常很薄，並會在細胞乾掉的時候塌陷，在某些極端狀況下，切線面細胞壁也會這樣。這樣不只能讓種皮上出現複雜的蜂巢結構，也能大幅增加種子的表面積，增進空氣阻力和浮力。

金紙菊（*Leucochrysum molle*，菊科）－原產澳洲（下）；冠毛束上剛好卡住一顆花粉粒。花粉粒，直徑0.025公釐。（左頁）

具有極致蜂巢型態的種子：智利刺蓮花（*Loasa chilensis*，刺蓮花科）－原產智利；種子，1.9公釐長。（下頁左上）

紫裳三葉草（*Castilleja exserta* subsp. *latifolia*，列當科）－原產加州；種子，1.9公釐長。（下頁右上）

Lamourouxia viscosa（列當科 Orobanchaceae）－原產墨西哥；種子，1.2公釐長。（下頁下）

智利刺蓮花（*Loasa chilensis*，刺蓮花科）－種皮近照（x150倍）。（77頁）

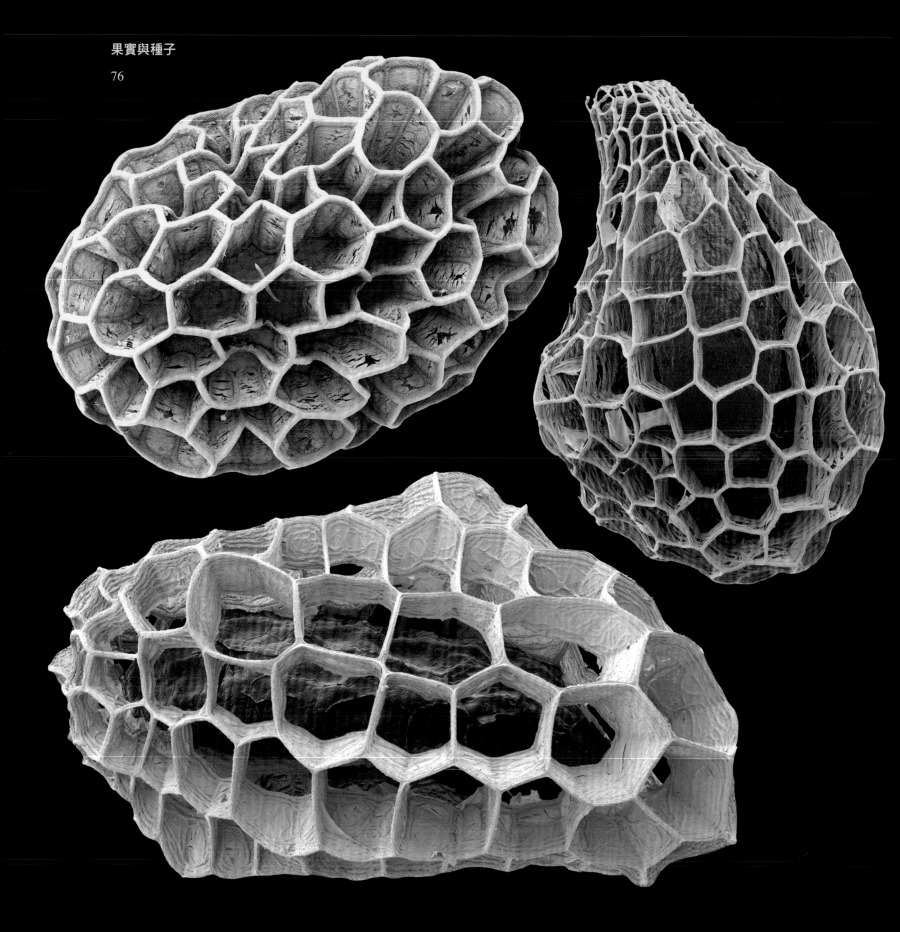

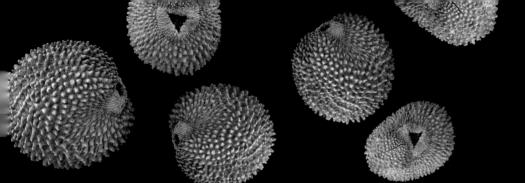

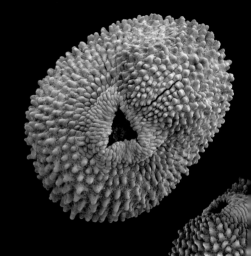

搭上順風車

　　風吹拂裂果，使果實裂開、種子飛散，這樣也能間接造成種子傳播。這種風力傳播稱為**間接風力傳播**，許多蒴果長在柔軟長莖上的草本植物，都是用這種方法。罌粟的蒴果頂部周圍有一圈小孔，作用就像胡椒罐一樣，風一吹，就會釋放出大量的細微種子。種子離開蒴果時必須經過的這圈狹小出口，上面有蒴果「蓋子」的突出外緣保護，不致被雨淋濕，其實這蓋子是柱頭乳突還殘存著的平臺。石竹科植物如鵝腸菜（*Petrorhagia nanteuilii*）、蠅子草類、康乃馨（石竹類）和櫻草（櫻草類）也都沿用這個策略，不過它們的開裂蒴果頂端有小小的齒狀構造，只留下狹窄的開口讓種子散出去。金魚草（金魚草類、車前草科）的蒴果很奇特，果實頂端爆裂後小裂片會向後捲，形成三道不規則的裂口。奧龍金魚草（*Antirrhinum orontium*）的長型花柱則會留存下來，發育成突出的桿子，也許這樣能使經過的動物碰到果實，搖動效果可能比風還好。許多種間接風力傳播植物的種子都具有華麗的表面圖案，不過結構上卻未必伴隨有能促進傳播的明顯改變。然而，如果這些種子被啃草的牲口吃下肚、或是黏上了牠們的蹄，那麼細微的體型就能讓這些種子被帶到一定的距離外。

奧龍金魚草（*Antirrhinum orontium*，車前草科）－原產歐洲；果實打開時頂端會不規則裂開。當風吹動、或經過的動物碰到果實，種子就會灑出去。棘刺般的堅硬宿存花柱，可能會讓動物更容易碰觸到；果實，7公釐長。（左頁左）

紅石竹（*Silene dioica*，石竹科）－原產歐洲；蒴果在風中搖擺時會把種子撒出來，種子也就這麼傳播出去了；種子，1.2公釐長。（左頁右）

紅石竹（*Silene dioica*，石竹科）的種子。（上）

虞美人（*Papaver rhoeas*，罌粟科）－原產歐亞大陸與北非；蒴果；長在柔韌長莖上的蒴果在風中搖曳時，種子也會被搖出來；直徑6.5公釐。（左下）

奧龍金魚草（*Antirrhinum orontium*，車前草科）－原產歐洲；種子，1.1公釐長。（右下）

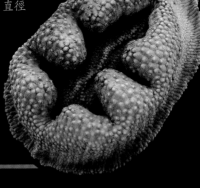

與水相逢

　　種子借助水來散播的方式有好幾種。氣球果實和氣球種子的空氣囊，和許多種小型風力傳播繁殖體的高表面積／重量比，剛好也能在水中提供良好的浮力。藉著表面張力，具備羽毛或翅膀的繁殖體只要夠小，就能漂浮在水面上；例如擬漆姑草（*Spergularia media*）長著翅膀的細小種子，就能在水上漂浮好多天。不過，由水來傳播原本要利用風力傳播的繁殖體只是偶然發生。另有一些植物則發展出針對水散布的適應機制，包括水生、溼地與沼澤植物，還有其他靠水邊生長的種類。隨水散布的繁殖體，最重要的特性當然就是浮力，防水表層通常能增強浮力。不透水性也可防止種子提前萌發，並保護以海水傳播的繁殖體不受海水影響。封在種子內部的空氣空間和軟木質地的防水組織，通常可以增加浮力。

植物界的水手

　　隨水散布的繁殖體通常具有鉤子或刺毛，以便扣住適合的基質、或是黏附在動物的毛皮或羽毛上。水生的金蓮花（*Nymphoides peltata*，睡菜科）就結合了好幾個這類的適應。果實的肉質部分一旦腐爛、或被蝸牛吃掉，果實底部就會打開，直接把種子釋放到水中。它們扁扁的圓盤外型、周圍的一圈剛毛，還有防水的表層，讓這種種子能利用水的表面張力漂浮而不致下沉。雖然比水重，但只要不受打擾，這些種子就能在水上漂浮兩個月。而剛毛也意味著可以讓好幾顆種子鉤在一起，在水面上形成一串小小的浮筏，或輕易地鉤住水鳥「搭個便車」。

海檬果（*Cerbera manghas*，夾竹桃科）－原產塞席爾至太平洋地區；印度洋和太平洋沿岸海灘常可看到海漂來的海檬果果實。體積大、纖維多，如軟木般的中果皮，在海水中有絕佳的持久浮力；果實，9公分長。（上）

水椰子（*Nypa fruticans*，棕櫚科）－原產亞洲南部到澳洲北部；外型像椰子、只有單一種子的果實縱剖面；裡面的種子在還未散布前就會萌發；冒出頭的尖芽有助於與親株分離。在堅硬外層、防海水的外果皮以及硬質的內果皮間，是一層多纖維的海綿狀中果皮，作用如浮力裝置；11.5公分長。（左）

銀葉樹（*Heritiera littoralis*，錦葵科）－原產舊世界熱帶地區；防海水、像堅果的果實內含一顆圓形種子，周圍有很大的空氣腔環繞。果實背上突出的龍骨作用像船帆；果實，長可達10公分。（右頁上）

金蓮花（*Nymphoides peltata*，睡菜科）－原產歐亞大陸；水力散播的種子與邊緣剛毛的細部。種子雖然比水重，不過因為形狀扁平、表面防水，周圍又有堅硬剛毛，因此這些種子能利用水的表面張力，避免下沉；種子，5公釐。（右頁下左、左頁下右）

在熱帶島嶼和海岸地區，長著許多果實和種子能在含鹽的大海中旅行的植物。生長在海邊或海岸附近的植物結出的種子和果實，最後都會歸於大海、被海流帶走。這些果實和種子可能直接掉在海灘上、也可能是落入潮池與溼地中，再被潮水帶走。如果是來自較內陸的地方，就可能會隨著小溪或河流漂進大海。這種偶發事件也時有所聞。

不過，有許多種植物，尤其是熱帶植物，其繁殖體經過特殊適應，可以在鹹水中漂流數月甚至好幾年。銀葉樹（*Heritiera littoralis*，錦葵科）的果實貌似核果、能防水，長達10公分，內含單一一枚圓形種子，種子周圍環繞著很大的空間，有助於種子漂浮。驚人的是沿著果實背後有一道突出的龍骨，果實在海上漂流時，其作用就像是船帆一樣。其他適應了海洋傳播的熱帶果實，還包括具備一層厚厚的、類似軟木的漂浮組織的核果。棕櫚科植物就會長出這樣的果實，像是水椰子（*Nypa fruticans*）和可可椰子（*Cocos nucifera*）。水椰子在印度洋和太平洋沿岸的紅樹林溼地與潮汐海口相當常見。大如足球的果實成熟時，會裂開成倒卵形的有角小果。每個小果中有單一種子，在小果彼此分離之前種子就會萌發，冒出頭來的尖苗則有助於脫離。有了堅硬的外種皮和內層的纖維海綿狀中果皮，水椰子的小果非常適應海水。不過，在所有能在海上漂流的「水手」果實中，可以證明這種模式有多成功的，莫過於最老練的可可椰子。可可椰子已經完全適應了海水傳播，能跟著海流航行達數月之久，漂流距離甚至可以長達 5000 公里。可可椰子能夠旅行這麼遠的距離，也就能說明為何可可椰子可以在整個熱帶地區無所不在。

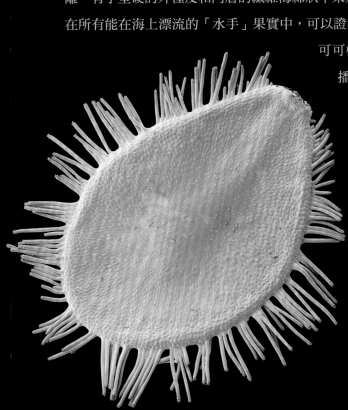

豆從海上來

有許多種適合遠洋航行的繁殖體，都能抵達主要的海面洋流，然後被帶到距出生地好幾千公里外的地方。達爾文就曾因為熱帶國度的種子能旅行到歐洲海岸的想法而激動不已。誕生於南美和加勒比海的果實與種子，常會被墨西哥灣流帶到歐洲北部的海灘，結果卻不幸來到一個十分不利它們生長的環境。最常來訪的新世界客人是豆科植物的種子，這大概解釋了它們為什麼被稱為「海豆子」。這些種子顯然不是產自當地植物，而且在從古到今的當地人眼中，它們也頗有異國風味，尤其是在中古世紀，這些豆子的身世之謎引發了不少傳說和迷信。在亞速爾群島的桑塔島，居民依然把一種異邦來的「海洋之心」，也就是漂來的大鴨腱藤（*Entada gigas*，豆科）種子叫做「哥倫布之豆」（Fava de Colom），因為他們相信，哥倫布就是在西班牙的一處海灘撿到了一顆被沖上岸的這類異國種子才受到啟發。大鴨腱藤是一種巨大的藤本植物，生長在中南美洲與非洲的熱帶森林中，它褐色的心形大種子是歐洲海灘最常發現的海漂繁殖體之一，直徑可長達5公分，生長在所有豆科植物中最大的豆莢裡，而這種豆莢可以長達1.8公尺。海洋之心，以及來自非洲與澳洲、親緣相近的鴨腱藤（*Entada phaseoloides*）大種子，在挪威和歐洲其他地方都曾被雕刻成鼻煙壺和項鍊盒。英國則把這種種子當做固齒器和能在海上保護兒童的幸運符。即使到了今天，這些海豆子還是非常受收藏家與植物飾品設計師的青睞，因為它們外形美、色澤佳。除了海洋之心以外，最有名的海豆子還包括了真正的海豆子——血藤（*Mucuna sloanei* 和 *M. urens*）、海錢包（*Dioclea reflexa*）、雲實與老虎心（*Caesalpinia major* 和 *C. bonduc*）。赫布里群島的人把老虎心種子當護身符戴，以避開邪惡之眼。據說如果種子一變黑，佩帶的人就有危險了。最後還有瑪莉豆（*Merremia discoidesperma*），這是牽牛花家族（旋花科）的植物，而且應該是所有海豆子中歷史最錯綜複雜的。這種直徑約20-30公釐，呈黑色或褐色、球形至橢圓形的種子來自一種生長在墨西哥南部與中美洲森林中的木質藤本植物。它的招牌標記是一個由兩道溝槽形成的十字，也因此被叫做「十字架豆」或「瑪莉豆」。對基督徒來說，它具有特殊的象徵意義。人們相信，如果這種豆子能撐過海上旅程，那麼應該也能保護擁有它的人。在賀布里群島，瑪莉豆被視為婦女順利生產的保證，也因此成為母女代代相傳的珍貴護身符。

海漂「種子」大集合，包括銀葉樹（*Heritiera littoralis*，錦葵科）和各種不同的「海豆子」，像是傳說中的瑪莉豆、也就是十字架豆（*Merremia discoidesperma*，旋花科），最大的特徵就是上面有個十字，而有多種豆科植物的種子，包括別稱「海洋之心」的大鴨腱藤（*Entada gigas*）、漢堡豆（*Mucuna* spp.）老虎心（*Caesalpinia bonduc*）和海錢包（*Dioclea* spp.）。（左頁）

雲實（*Caesalpinia major*，豆科 *Leguminosae*）－在全世界熱帶地區有都有發現；種子，2.5公分長。（左上）

漢堡豆（*Mucuna urens*，豆科）－原產中美與南美洲，直徑2.5公分。（上）

「海洋之心」大鴨腱藤（*Entada gigas*，豆科）－原產熱帶美洲與非洲；這種常見的「海豆子」來自一種熱帶藤本植物能長到1.8公尺的碩大豆莢。（下）

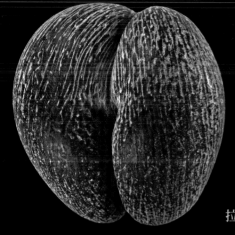

巨無霸種子

　　在所有漂浮果實中，最神秘的就是海椰子了，這種果實裡面有全世界最大的種子。海椰子和可可椰子的親緣關係並不接近，但外表有點像，也常被叫做「複椰子」或是塞席爾堅果。不過海椰子和可可椰子不一樣，新鮮的海椰子無法漂浮，也不能接觸海水太久。然而，從15世紀開始、甚至遠比塞席爾群島在1743年被發現更早之前，在印度洋沿岸就曾發現被沖上海灘的海椰子內果皮。由於大部分的海椰子都是在馬爾地夫發現的，故以地名作為拉丁名 *Lodoicea maldivica* 的命名，但其實這是被誤導了。這種非比尋常的棕櫚，真正的分布地點只局限在塞席爾的兩座島嶼上，也就是普拉斯林島和克瑞孜島。海椰子這麼有名，不只是因為它的大小，還有那讓人想入非非的外形。因為會讓人聯想到女性的臀部，當然也就勾起了一些迷信。馬來水手和中國水手以為複椰子是一種長在水底下、類似椰子樹的神秘樹結出來的。歐洲人認為這種昂貴的果實具有藥效，相信胚乳可以當做解毒劑。塞席爾棕櫚的種子或許是全世界最大的，但其實裡面只有一個很小的胚，嵌在很大的胚乳（營養組織）裡。種子植物中，胚最大的世界紀錄保持者是一種豆科植物。毛拉豆木（*Mora Megistosperma*，*Mora oleifera* 的同物異名）是一種熱帶美洲樹木，種子可長達18公分、寬8公分，重量可達1公斤。種子本體有兩片增厚的子葉，就像我們熟知的豆子、豌豆和花生等豆科植物一樣。唯一不同的地方，在於毛拉豆木的兩片子葉之間有一個充滿空氣的空腔，讓它們能漂浮在海水中，這是它們對自己潮汐溼地棲息環境的適應。

海椰子（又名塞席爾堅果，*Lodoicea maldivica*，棕櫚科）－原產塞席爾群島；單一種子果實要7–10年才會成熟，內含世上最大種子。（上）

毛拉豆木（*Mora megistosperma*，豆科）－原產熱帶美洲；單獨的種子和內含兩顆種子的打開果實（右）；毛拉豆木的種子可達18公分長，重量近1公斤；是所有雙子葉開花植物中最大的。（右上）

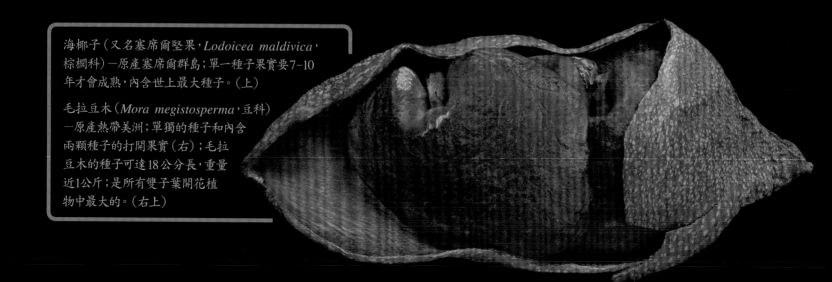

爆炸性策略

　　有些植物發展出能自己傳播種子的機制。能自我傳播的種子聽起來或許不怎麼先進，但**自動散布**其實牽涉到極為複雜的機制，讓植物可以把種子彈出去。藉由果實爆開機制引發的**彈力傳播**，可以由死去組織在乾燥過程中的被動（吸濕性）動作觸發，也可以由活細胞中高液壓所引起的活動觸發。豆科植物中就有很多我們熟悉的例子，它們也總是能吸引好奇的小朋友，特別是羽扇豆（羽扇豆類）、歐洲荊豆（*Ulex europaeus*）和甜豌豆（*Lathyrus odoratus*）。在醞釀「爆發」的時候，果實的兩瓣會往不同方向扭曲，直到突然分開並彈出種子。種子只能彈到短短的2公尺距離外，或甚至更近的地方。力道更強的自我傳播可在熱帶地區看到。沙盒樹（*Hura crepitans*，大戟科）那橘子大小的果實，在成熟時能以極大力道把種子彈射出去，距離可遠達14公尺。金縷梅科特化的內果皮能促進彈力傳播；蒴果會慢慢裂開，不過只要一打開，再進一步乾燥就會使堅硬的內果皮改變形狀，並像老虎鉗一樣抓住兩個子房室中各一顆的種子。越來越大的壓力會把堅硬平滑的種子像發射子彈般的往外射出去。肉質果實則是會積極增加活組織中的液體壓力，直到最輕微的震動也能使之爆裂，像是鳳仙花等植物的流線型果瓣，會立刻捲起來，把種子往四面八方彈出去。到了臨界點的時候，果實對碰觸會變得極端敏感，不管是經過的動物、風的吹拂，甚至是從旁邊果實飛過來的種子，都能觸發爆炸。嫩黃瓜大小的噴瓜（瓜科），基部的果柄會像香檳瓶塞一樣噴出去，形成一個狹小開口，並從此處擠出種子和大量有潤滑作用的水狀液體。

秃蠟瓣花
（*Corylopsis sinensis* var. *calvescens*，金縷梅科）－原產中國；蒴果會慢慢裂開，極堅硬的內果皮在慢慢乾燥的同時，形狀也會改變，像老虎鉗緊緊抓住種子。最後，兩顆堅硬光滑、型如紡錘的種子會被擠出去；果實，直徑7公釐。（上）

有腺鳳仙花（*Impatiens glandulifera*，鳳仙花科）－原產喜馬拉雅地區；爆裂的果實；最輕微的碰觸就能讓成熟果實爆裂，把細小的黑色種子拋到5公尺外。（右下）

甘比亞肩章果蝠
（*Epomophoros gambianus*，
大蝙蝠科）咬著無花果起飛。
蝙蝠和鳥類、猴子一樣都是熱
帶雨林中最重要的種子傳播動物。（上）

蔓榕（*Ficus villosus*，桑科）—原產熱帶亞洲；
果實縱剖面，以及樹上的果實。約有750種左右的榕屬
（無花果）植物，都把小花開在一種特殊的花序裡，這種
花序名為「隱花果」，授粉後果實在裡面成熟，通常稱為「無花果」。形態上來說，隱花果就好比向日葵的頭
狀花，但是邊緣捲起來，先是形成碗狀、然後形成甕狀，只在頂端留下小小的開口（小孔）。無花果上的小入
口被擠在一起的無數苞片封住，授粉時會留出一條窄通道，為無花果傳粉的榕果小蜂就能進入排滿花朵的
小洞。蔓榕和某些隱花果的小洞在授粉前會充滿黏性液體；果實，直徑12公釐。（右頁）

動物特使

　　在特定棲地中，風力和水力傳播具有優勢，也很適合這些植物的生活方式。比方說在北美溫帶的落葉林中，就有大約 35% 的木本植物會產生風力傳播的果實或種子。儘管如此，借助風力或水力傳播既浪費，效果也很不穩定，因為風與水的強度、方向和頻率變化多端，一點也不可靠。當種子隨機掉落時，常常掉在不適合萌芽的地方，也就這麼浪費掉了。彈力傳播同樣是隨機的，距離也很短。由動物來傳播種子──就像動物傳粉一樣，可以排除非生物傳播媒介所伴隨的不確定性，使效果大幅提昇。動物會依循特定的行為模式，連帶使得牠們的行動不像風與水那樣無規則可循，因此，**動物傳播**就不會像水力傳播或風力傳播那麼浪費。有些植物的繁殖體已經適應了動物傳播，它們只要生產較少的種子就能確保種族存續。這種在能源與「建材」方面節省開支的能力，賦與物種明顯的演化優勢。因此，植物演化出極為多樣的策略使種子能被動物帶走也就不足為奇了。種子會搭上鳥類或哺乳動物的羽毛、皮膚或毛髮，或是裹在美味的果漿裡，好讓它們能偷渡到動物的嘴與消化道中。

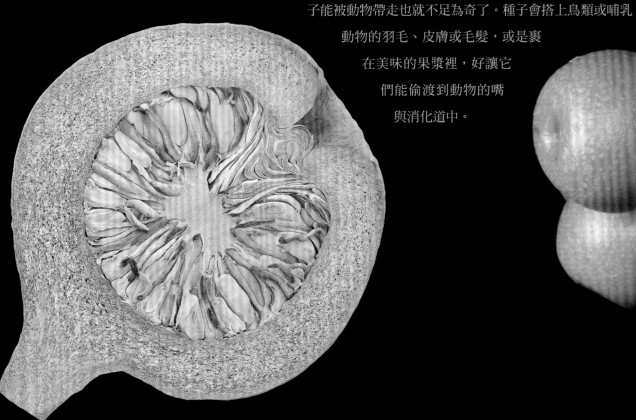

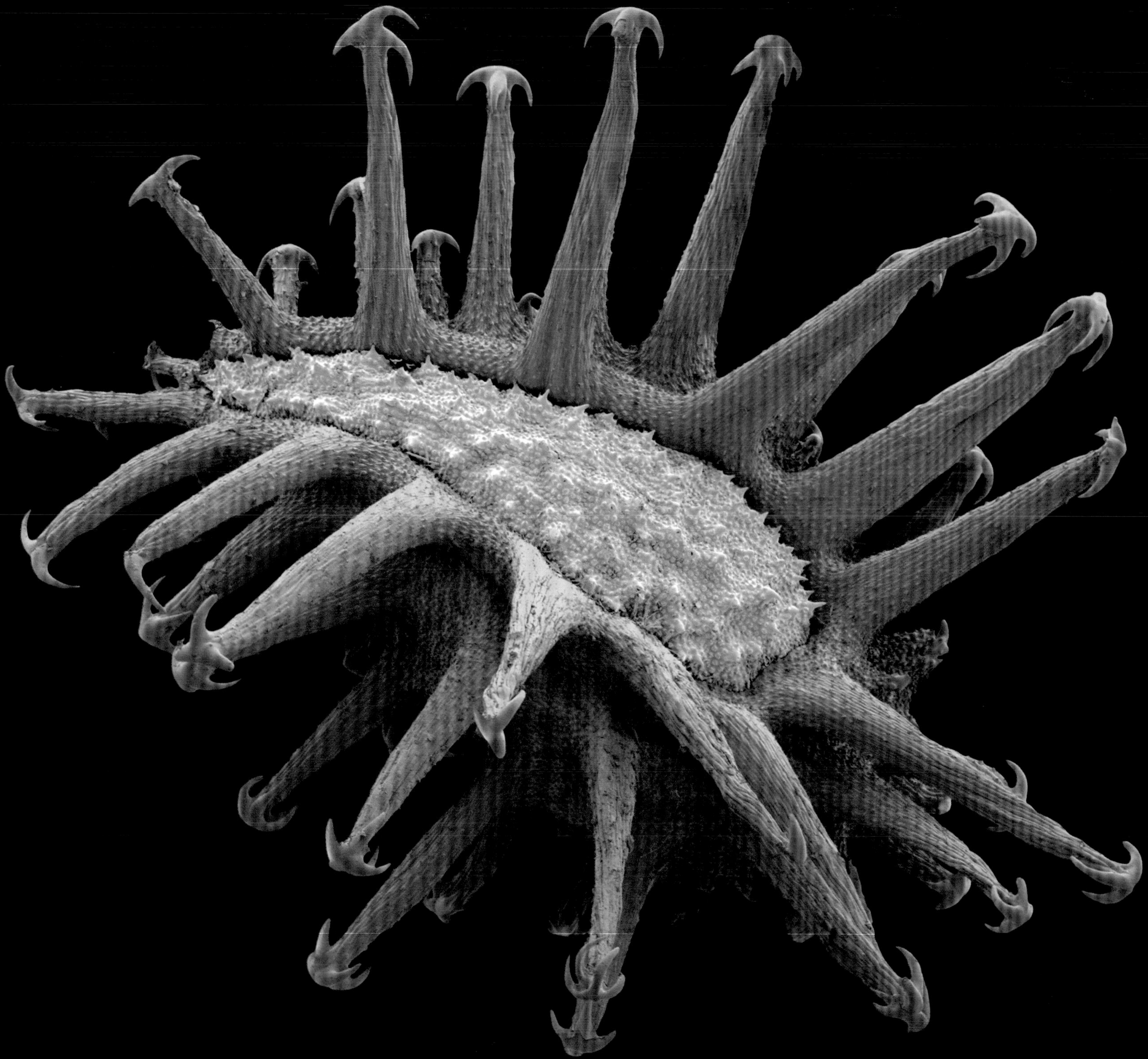

強搭便車的乘客

外附傳播就是搭動物的便車，這是一種頗划算的旅行方式，而且不一定需要特殊的適應。沒有配合特定傳播機制改變的小型繁殖體，通常都是黏在動物腳底的泥巴上，或是黏在鳥類和動物的身上成為偷渡客。這種機會傳播通常發生在啃草動物吃細小種子的時候。許多長得矮、生長位置有策略作用的植物，其繁殖體經過特別改造，可以黏住經過的動物。有黏性的繁殖體和肉質果實或種子不一樣，並不提供任何可以吃的回饋物去吸引潛在傳播者，也就是說，這種傳播是在動物不經意間「被種子黏住」時隨機發生的。除了生理上付出的代價較低，外附傳播還有一大好處。和那些肉質的繁殖體不同，黏性繁殖體的傳播距離不會因為諸如腸胃滯留時間等因素而受限制。大部分的沾黏便車客都會自己掉下來；如果沒有自己掉下來，在動物理毛、換羽或死掉之前，這些種子通常也已經旅行了很遠的距離。典型的外附傳播適應指標，就是**繁殖體**表面布滿鉤鉤、倒刺、小刺或黏性物質。晚夏或秋日裡到鄉村地帶走一回，就常可以在襪子和褲子上發現這類例子。在英國的溫帶氣候中，最常見、最頑強的，就有豬殃殃（*Galium aparine*，茜草科）、琉璃草（倒提壺類，紫草科）、野胡蘿蔔（繖形科）和黏黏籽（假鶴蝨屬類，紫草科）的小果，還有龍牙草（*Agrimonia eupatoria*，薔薇科）的刺果，以及個子大很多的牛蒡（*Arctium lappa*，菊科）刺果。能夠黏住的原則很簡單，要有小鉤鉤，隨時可以纏住哺乳動物的皮毛、或是衣物纖維上的小圈圈。也就是這類繁殖體上的細微結構，在1950年代啟發了瑞士電子工程師喬治·麥斯楚研究出一種扣件——魔鬼粘。不過這並不是繁殖體黏上動物的唯一方式：植物為了傳播種子，也發展出一些相當殘忍的手段。

美國假鶴蝨（*Hackelia deflexa* var. *americana*，紫草科）－原產北美：單一種子的小堅果滿布鉤刺，能把繁殖體鉤在鳥羽、毛皮或衣服上。如同多種紫草科植物，假鶴蝨的子房也是四瓣深裂，成熟時裂成四個單一種子的小堅果；小堅果，3.5公釐長。（左頁）

豬殃殃（*Galium aparine*，茜草科）－原產歐亞大陸與美洲；果實由兩個相連的心皮構成，成熟時分開，變成分離的小堅果。這個小枝條有兩顆成長中的小果實，子房已開裂但還保持完整，另外有一個花苞裡有小的子房，頂部有仍然合起的花被。豬殃殃的小堅果密布小鉤，是頑強的便車客；成熟小堅果長5公釐。（上、右）

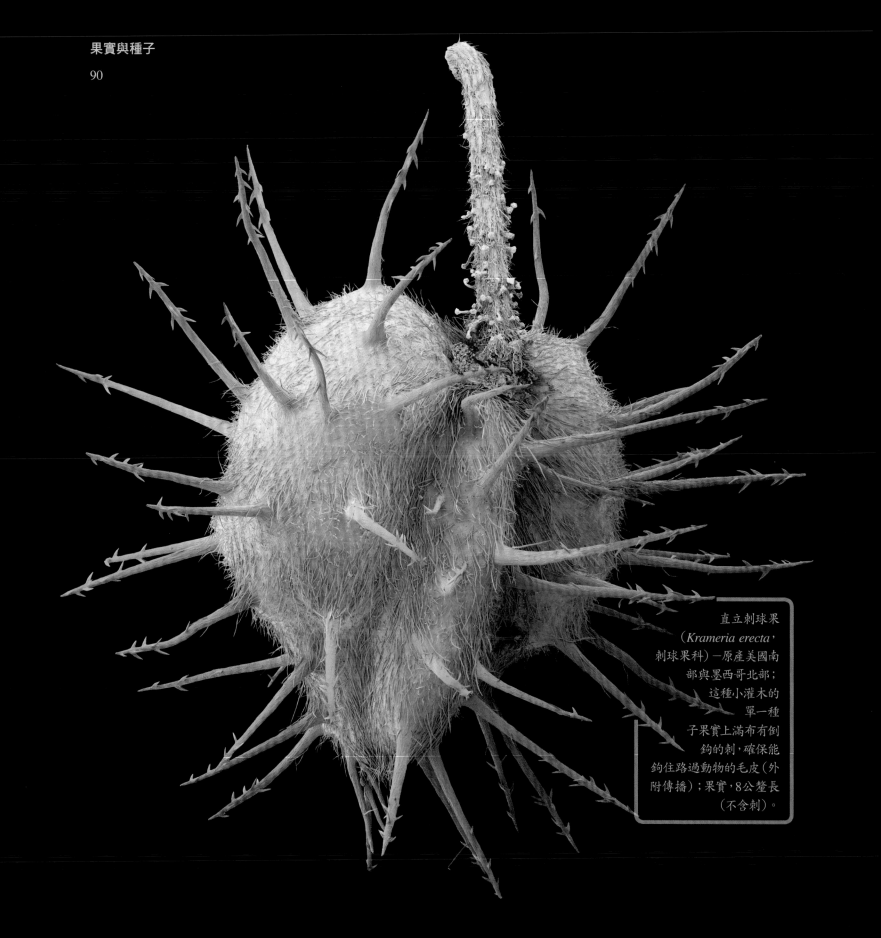

直立刺球果
（*Krameria erecta*，
刺球果科）－原產美國南
部與墨西哥北部；
這種小灌木的
單一種
子果實上滿布有倒
鉤的刺，確保能
鉤住路過動物的毛皮（外
附傳播）；果實，8公釐長
（不含刺）。

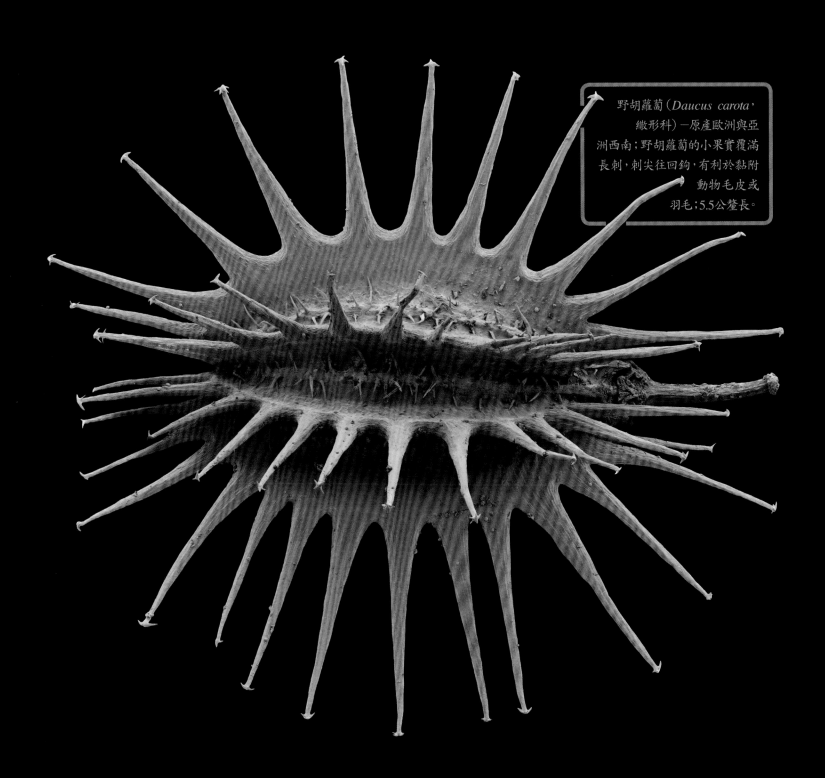

野胡蘿蔔（*Daucus carota*，繖形科）－原產歐洲與亞洲西南；野胡蘿蔔的小果實覆滿長刺，刺尖往回鉤，有利於黏附動物毛皮或羽毛；5.5公釐長。

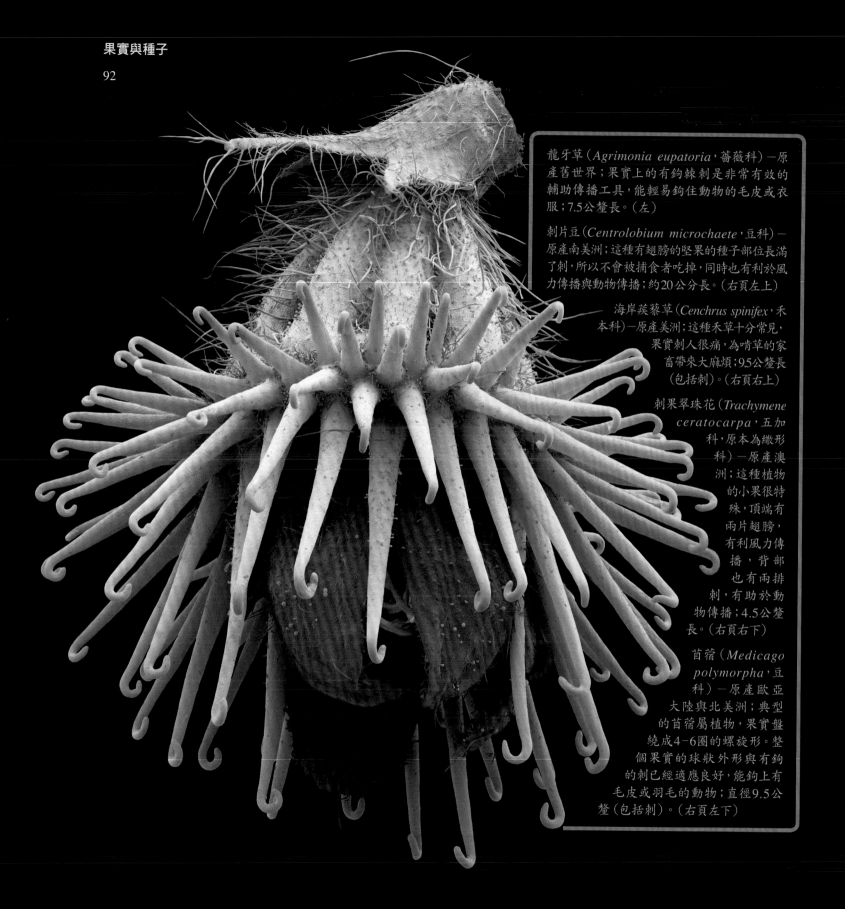

龍牙草（*Agrimonia eupatoria*，薔薇科）—原產舊世界；果實上的有鉤棘刺是非常有效的輔助傳播工具，能輕易鉤住動物的毛皮或衣服；7.5公釐長。（左）

刺片豆（*Centrolobium microchaete*，豆科）—原產南美洲；這種有翅膀的堅果的種子部位長滿了刺，所以不會被捕食者吃掉，同時也有利於風力傳播與動物傳播；約20公分長。（右頁左上）

海岸蒺藜草（*Cenchrus spinifex*，禾本科）—原產美洲；這種禾草十分常見，果實刺人很痛，為啃草的家畜帶來大麻煩；9.5公釐長（包括刺）。（右頁右上）

刺果翠珠花（*Trachymene ceratocarpa*，五加科，原本為繖形科）—原產澳洲；這種植物的小果很特殊，頂端有兩片翅膀，有利風力傳播，背部也有兩排刺，有助於動物傳播；4.5公釐長。（右頁右下）

苜蓿（*Medicago polymorpha*，豆科）—原產歐亞大陸與北美洲；典型的苜蓿屬植物，果實盤繞成4-6圈的螺旋形。整個果實的球狀外形與有鉤的刺已經適應良好，能鉤上有毛皮或羽毛的動物；直徑9.5公釐（包括刺）。（右頁左下）

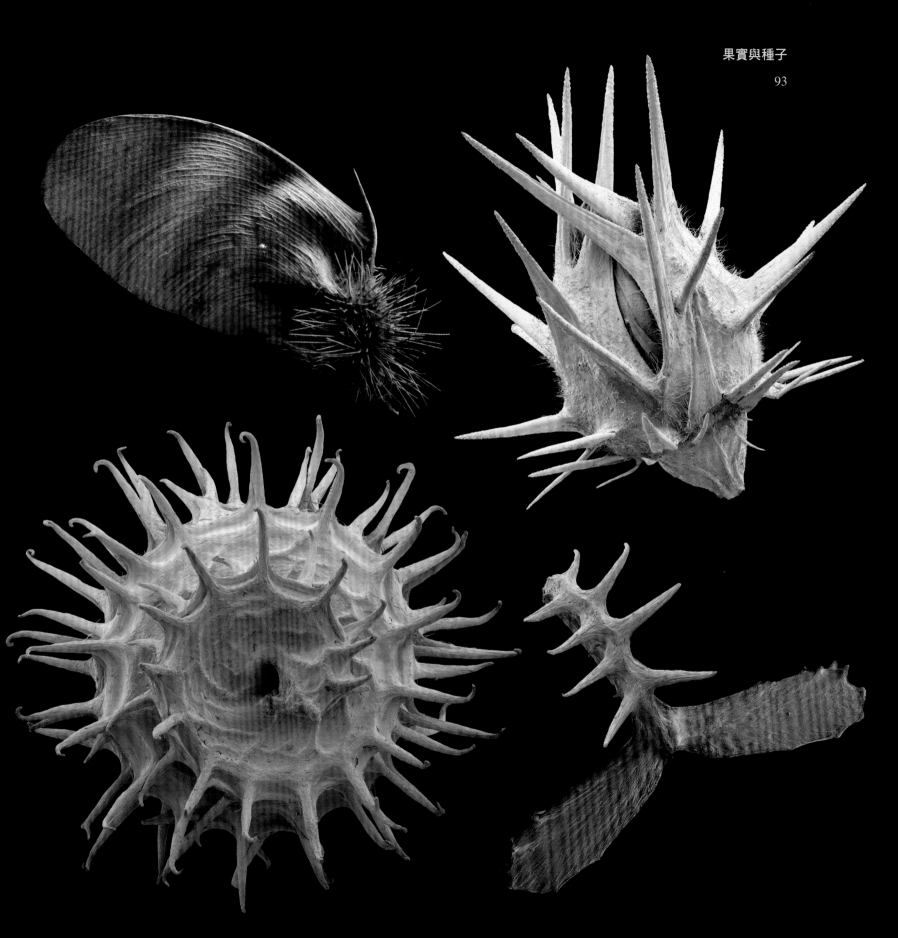

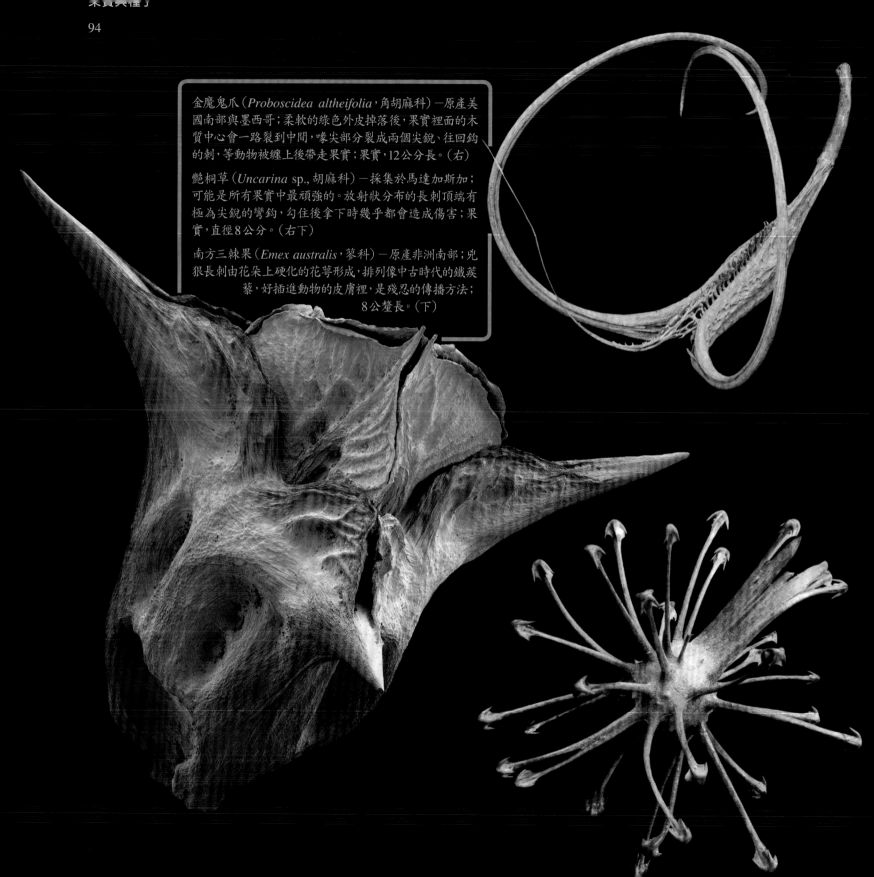

金魔鬼爪（*Proboscidea altheifolia*，角胡麻科）－原產美國南部與墨西哥；柔軟的綠色外皮掉落後，果實裡面的木質中心會一路裂到中間，喙尖部分裂成兩個尖銳、往回鉤的刺，等動物被纏上後帶走果實；果實，12公分長。（右）

艷桐草（*Uncarina sp.*，胡麻科）－採集於馬達加斯加；可能是所有果實中最頑強的。放射狀分布的長刺頂端有極為尖銳的彎鉤，勾住後拿下時幾乎都會造成傷害；果實，直徑8公分。（右下）

南方三棘果（*Emex australis*，蓼科）－原產非洲南部；兇狠長刺由花朵上硬化的花萼形成，排列像中古時代的鐵蒺藜，好插進動物的皮膚裡，是殘忍的傳播方法；8公釐長。（下）

蒺藜、魔鬼爪和其他心狠手辣的果實

有好幾個沒有親緣關係的科，都演化出能刺進血肉的凶猛帶刺繁殖體。從歐洲較溫暖的地區到非洲、亞洲，都有蒺藜（*Tribulus terrestris*，蒺藜科）分布。某些人可能比較知道「魔鬼刺」或「攔路鉤」這類名字，因為它們的繁殖體既陰險又狡詐。蒺藜的**離果**在成熟的時候，會分裂成五個不開裂的小堅果。每個小堅果都武裝著有兩根大刺與數根小刺。不管如何落地，總會有幾根刺是朝上的，就像中古時代的**鐵蒺藜**，隨時可以刺進動物的皮膚或鞋底。在匈牙利的平原上，這種帶刺的便車客引起養羊農民相當大的困擾，因為它們會給羊隻帶來傷口，進而造成潰爛，讓動物難以行走。

最大、最惡名昭彰的有刺果實，名為魔鬼爪，生長在美洲、非洲和馬達加斯加的熱帶與亞熱帶半沙漠、疏林草原和草原。新世界的魔鬼爪屬於長角胡麻屬（尤其是惡魔之爪 *Proboscidea louisianica*）和體型較小的親戚角胡麻（*Martynia annua*）。這兩種植物都屬於角胡麻科。它們在南美洲有個肉食性的同好，屬於單角胡麻屬，也會長出類似的魔鬼爪，也有人叫做「獨角獸果」（例如黃花單角胡麻 *Ibicella lutea*）。未成熟的綠色果實看來無害，只有在成熟果實脫去肉質外層、露出華麗的內果皮時，才會露出真面目。每個內果皮頂端都是一個尖喙，會往下裂開到中間，製造出一對往回鉤的銳刺。只要

這對兇惡的尖刺外露，就隨時可以鉤住皮毛或蹄、甚至鑽進皮膚裡。

舊世界的魔鬼爪屬於胡麻科（Pedaliaceae），是角胡麻科的近親。馬拉加西豔桐草屬的刺果看起來像迷你水雷，長著又長又尖、還有倒鉤的刺。但說到殘酷，來自非洲南部的爪鉤草（*Harpagophytum procumbens*）果實無人能比。它們慢慢開裂的木質蒴果上長著許多又粗又尖銳還有倒鉤的刺，不管是誰踩到，都會被弄出一個嚴重的傷口。

爪鉤草（*Harpagophytum procumbens*，胡麻科）—原產非洲南部與馬達加斯加；有人稱之為魔鬼爪，大型木質爪鉤會鉤住動物的腳和毛皮，動物也會嚴重受傷；果實，9公分長。（上）

蒺藜（*Tribulus terrestris*，蒺藜科）—原產舊世界；蒺藜的果實會開裂成五個單一種子的小堅果，此處為其中之一。每個小堅果都武裝著兩根大刺和幾根小刺，排列如鐵蒺藜，可穿透動物皮膚或是鞋底；6公釐長。（右下）

以獎賞代替懲罰

大部分動物傳播植物與各自的傳播夥伴所發展的關係是互惠的，而不是惡意利用對方的行動能力：為了換取動物的遞送服務，動物會得到食物作為報償。

對動物施以小惠

如果仔細觀察，可以發現許多種植物，尤其是那些生長在乾燥棲地的植物，它們的種子上常會長著一個小小的黃白色油質小塊。1960年，瑞士生物學家魯格‧瑟南德描述了這些奇怪附屬物背後的策略，將之稱為**螞蟻傳播**（*myrmecochory*，希臘文中myrme是螞蟻，而choreo是傳播）。他發現上面長著這種「油質體」（也就是他以希臘文命名為elaiosome的東西）的種子，對螞蟻來說簡直是難以抗拒，螞蟻會貪婪地蒐集這些種子，帶回蟻巢。觸發螞蟻這種種子攜帶行為模式的，是油質體中的蓖麻油酸。這是幾百萬年來共同適應的結果，螞蟻傳播植物不斷演化，最後它們的油質體組織也能製造出螞蟻幼蟲所分泌的不飽和脂肪酸。工蟻把這些種子運回蟻巢後，就會取下營養的附屬部分，拋棄種子。不過硬質的種皮把種子保護得好好的，毫髮無傷。油質體組織富含脂肪油、糖、蛋白質和維他命，並沒有被螞蟻吃掉，而是被拿去餵幼蟲了。油質小腫塊移除後，種子就被扔在蟻巢的垃圾堆裡，可能在地底下、也可能在地表。這種垃圾堆的基質富含養分，與周圍土壤相比，能為幼苗提供更好的生長環境。

顯然，螞蟻傳播的種子必須要小，才能配合傳播者的體力。在歐洲與北美的溫帶落葉林裡，常可以看到適應了螞蟻傳播的草本植物。容易發生火災的乾燥棲地，像是澳洲的野地和南非開普省附近的凡波斯地區，螞蟻傳播甚至扮演了更重要的角色。地下蟻窩中的儲藏室，能大幅增加這些種子逃過火災的機會，也可以避免被囓齒動物之類吃種子的動物給吃掉。許多不同科植物的種子都長著

歐洲與北美洲的溫帶落葉林、特別是澳洲與南非的乾燥灌叢中，許多植物的種子都有可食的油質結節以吸引螞蟻。照片中的收穫蟻是北美西部沙漠、草原以及墨西哥北部的常見物種，圖中的收穫蟻正帶著*Cnidoscolus* sp.（大戟科）返回蟻穴，牠們會取下油質體餵食幼蟲。（左頁、左下）

奎寧木（*Petalostigma pubescens*，苦樹科）的種子－原產馬來群島與澳洲；黃色附生物（油質體）會吸引螞蟻把種子搬回蟻巢，種子因而能躲過囓齒動物和季節性的火災；種子，1.2公分長。（上）

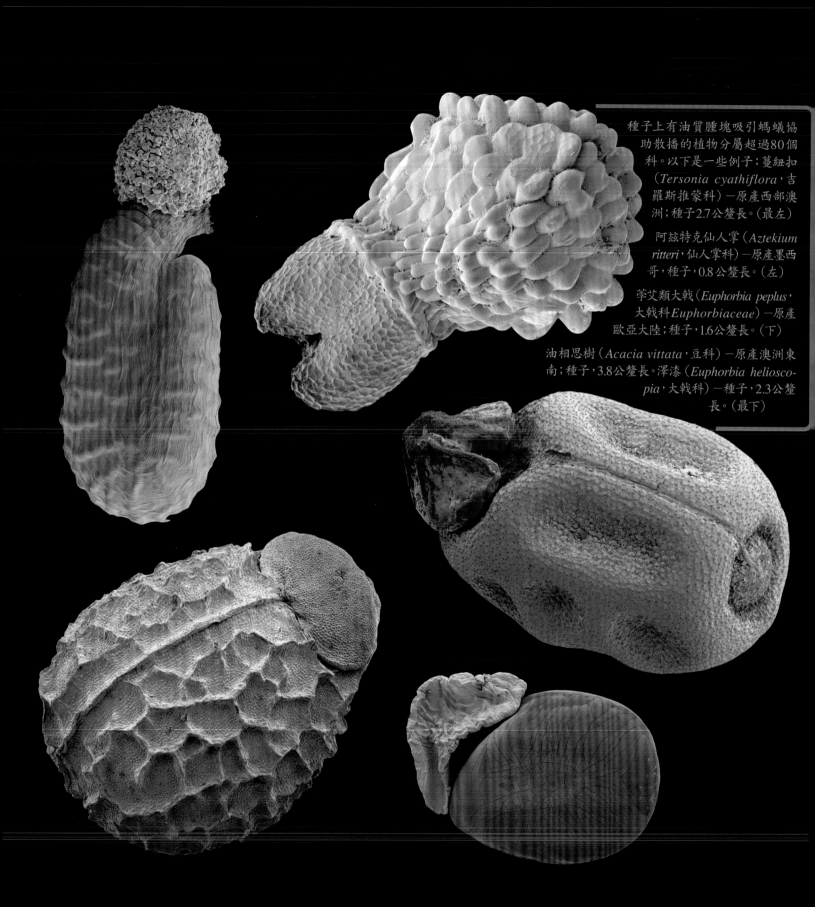

種子上有油質腫塊吸引螞蟻協助散播的植物分屬超過80個科。以下是一些例子：蔓紐扣（*Tersonia cyathiflora*，吉羅斯推蒙科）－原產西部澳洲；種子2.7公釐長。（最左）

阿茲特克仙人掌（*Aztekium ritteri*，仙人掌科）－原產墨西哥，種子，0.8公釐長。（左）

莘艾類大戟（*Euphorbia peplus*，大戟科*Euphorbiaceae*）－原產歐亞大陸；種子，1.6公釐長。（下）

油相思樹（*Acacia vittata*，豆科）－原產澳洲東南；種子，3.8公釐長。澤漆（*Euphorbia helioscopia*，大戟科）－種子，2.3公釐長。（最下）

大戟（*Euphorbia* sp., 大戟科）－採集於黎巴嫩；種子，3公釐長。（下）

金罌粟（*Stylophorum diphyllum*，罌粟科）－原產美國東部；種子，2.2公釐長。（右）

莘艾類大戟（*Euphorbia peplus*，大戟科）－原產歐亞大陸，種子，1.6公釐長。（最右）

沙遠志（*Polygala arenaria*，遠志科）－原產熱帶非洲；種子，2.2公釐長。（下右）

松露玉仙人掌（*Blossfeldia liliputana*，仙人掌科）－原產阿根廷與玻利維亞；種子，0.65公釐長。（最下）

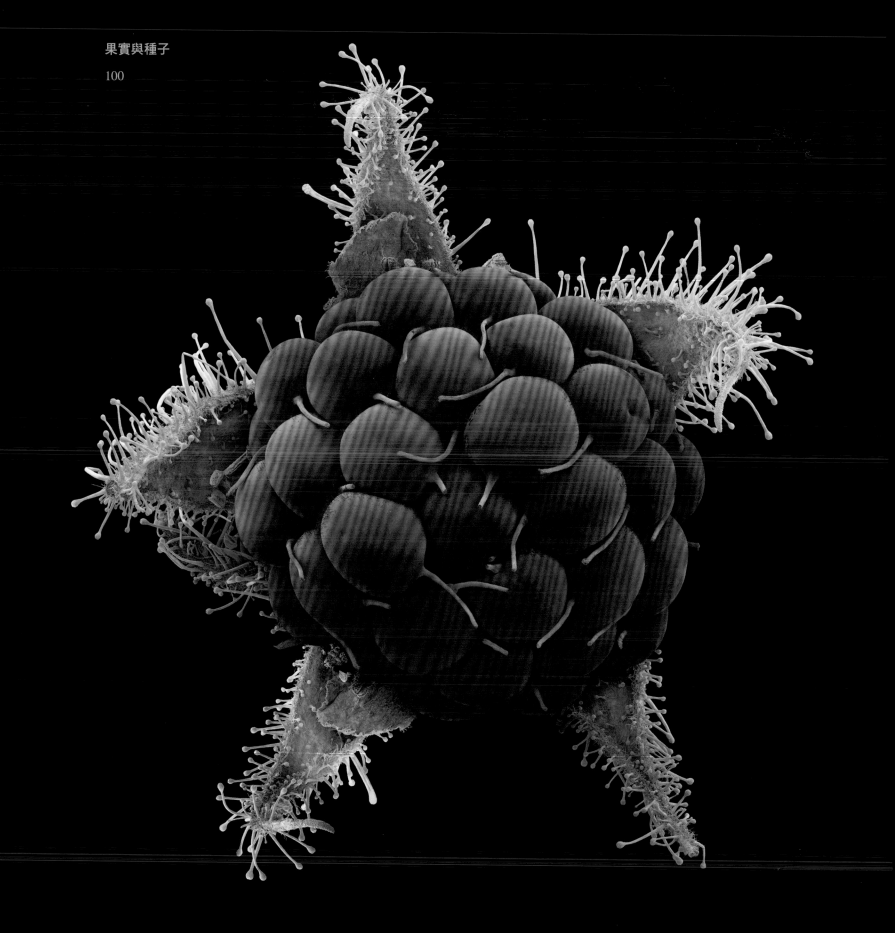

汁液淋漓的誘惑

對動物傳播者來說，能吃的回饋物才是最具說服力的誘惑，我們自己對水果的熱愛就是最好的明證。我們享用的每一顆香甜多汁的水果，背後都隱藏著植物打算傳播種子的堅定決心。甜美的果漿只不過是個餌，要誘使可能的傳播者咬下一口美味，順便連種子也吞下肚。吃了這一頓，動物就在不經意間順路載了種子一程。隨時間過去、美食被消化，最後偷渡客也就跟著排泄物一起下車了。運氣好的話，某些種子會掉在適當的地方發芽，遠離母株的陰影。這種傳播方式稱為**內攜傳播**，也就是「經動物體內傳播」。

脊椎動物中最重要的傳播者是鳥類和哺乳類，尤其是在溫帶地區。熱帶地區最重要的傳播者是食果鳥類、果蝠和猴子；還有一些魚類和爬蟲類，不過牠們只扮演了不重要的小角色。

果實還沒成熟的時候比較不起眼、比較硬，也沒有香味；有時是酸的，最糟糕的狀況下甚至有毒。總而言之，植物會盡量讓果實難以下嚥，直到種子成熟為止。只要種子準備好、適合傳播了，果實就會發出訊號，確認安全、營養的回饋已經準備好了。訊號的本質取決於打算吸引的動物。鳥類有絕佳的色彩視覺，嗅覺卻奇差無比。因此適應了**鳥類傳播**的繁殖體是沒有香氣的。相對的，這類果實會改變顏色，從綠色變成招搖的顏色來吸引鳥類注意。紅色是鳥類在綠色背景中最容易辨識的顏色，不過還有紫色、黑色，有時還有藍色，或是這些顏色的組合（尤其是紅與黑）。還有一種策略稍有不同，比較像是用來吸引哺乳類的，因為哺乳類動物比較倚賴靈敏的嗅覺而非視力，而且有很多動物是夜行性的。因此，靠哺乳動物傳播的果實通常（但並非一定）色彩比較暗淡（棕色或綠色），成熟時還會散發強烈的香氣。蘋果、梨子、枸杞、榅桲、柑橘類、芒果、木瓜、百香果、瓜類水果、香蕉、鳳梨、波羅蜜、麵包樹和無花果，都鎖定由哺乳動物來幫忙傳播種子，而這些哺乳動物包括囓齒類、蝙蝠、熊、猩猩、猴子，甚至大象和犀牛。

多腺懸鉤子（*Rubus phoenicolasius*，薔薇科）─原產中國北方、韓國與日本；是覆盆子和歐洲黑莓的親戚，會結出甜美多汁的可食果實。怪的是這整株植物、包括花萼在內，都長著黏黏的腺毛；直徑約1公分。（左頁）

草莓（*Fragaria x ananassa*，薔薇科）─僅見於人為栽培；是最受歡迎的水果之一，全球年產量超過250萬噸；3公分長。（上）

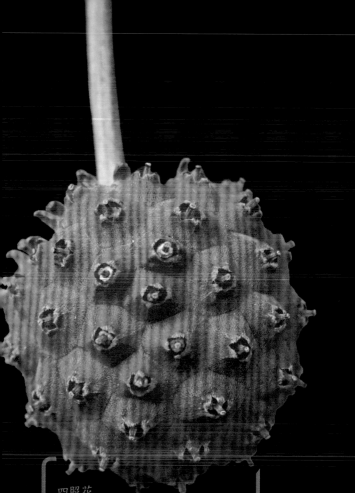

四照花
（*Cornus kousa* subsp. *chinensis*，
山茱萸科）一原產中國華中與華北地
區；可食用的肉質果實由簇生成球狀
的許多花朵生成，每朵有一豔紅色
的合生核果；直徑約2公分。顯微鏡
下的未成熟果實，顯示單一花朵，子
房周圍環繞著毛茸茸的花萼（雄蕊
已經掉落）；花柱，1公釐長。

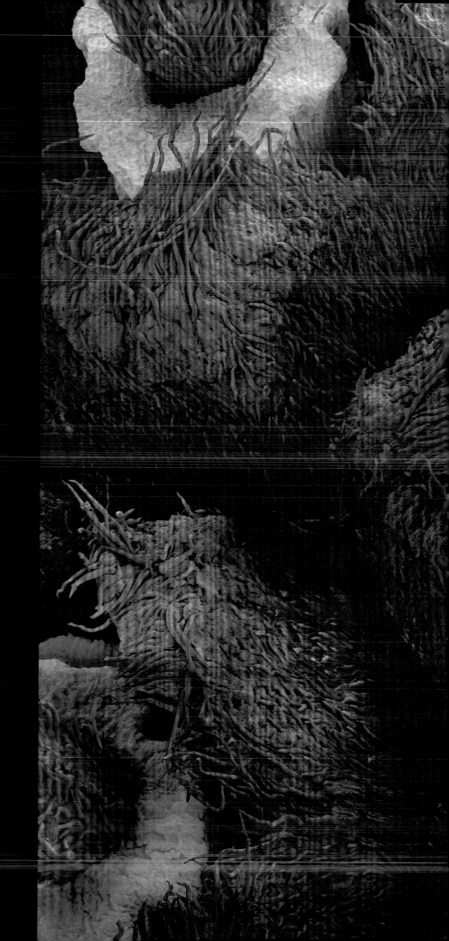

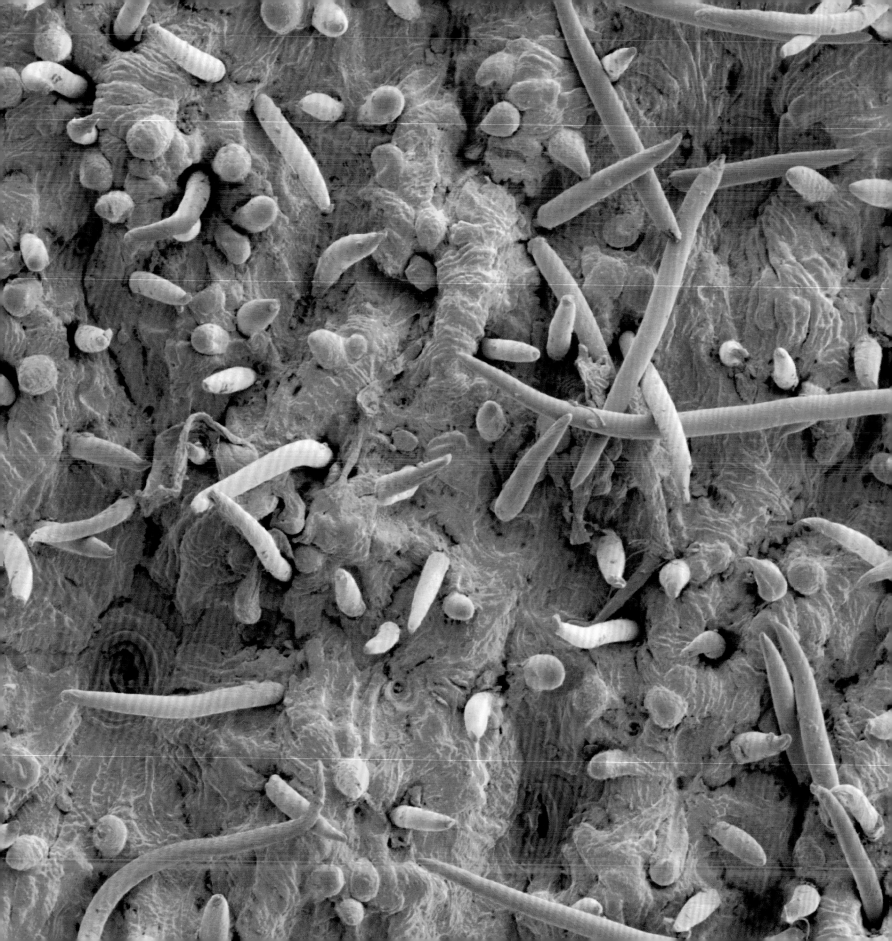

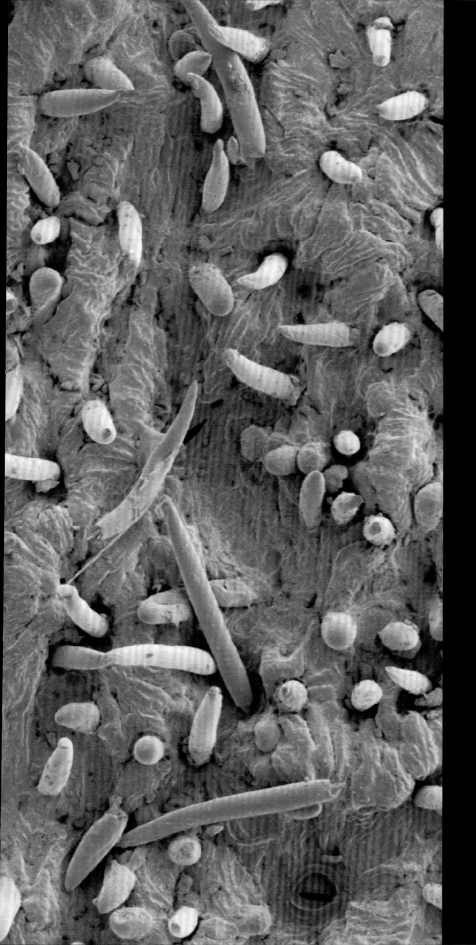

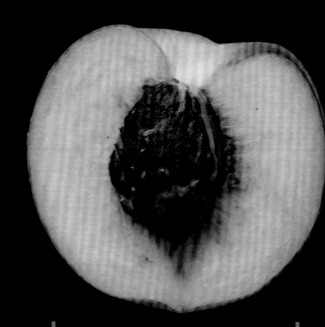

桃（*Prunus persica* var. *persica*，薔薇科）一起源於中國；完整的果實（核果）與切成一半的果實。果實表面的顯微影像；桃子皮表面毛茸茸的質感，是因為長了幾千根毛狀體（細毛），大部分的細毛都非常短，氣孔（呼吸孔）以紅色標記；照片區域，0.7公釐寬。

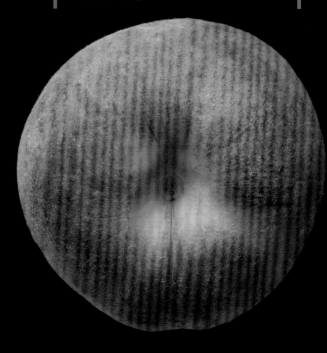

黑桑（*Morus nigra*，桑科）
——古代即已馴化，最早可能源自中國；
外形雖然像黑莓或覆盆子，但桑椹卻
是由整個雌花花序形成，其中四片小小
的花葉交叉排列，底下的花序軸變成肉
質。眾多子房則全都長成單一種子的細
小核果，很小很小的核就是果實上那些
硬梆梆的小東西；果實，約2.5公分長。
顯微鏡照片顯示的是小果和凋萎的柱
頭殘餘；小果，約5.3公釐寬。

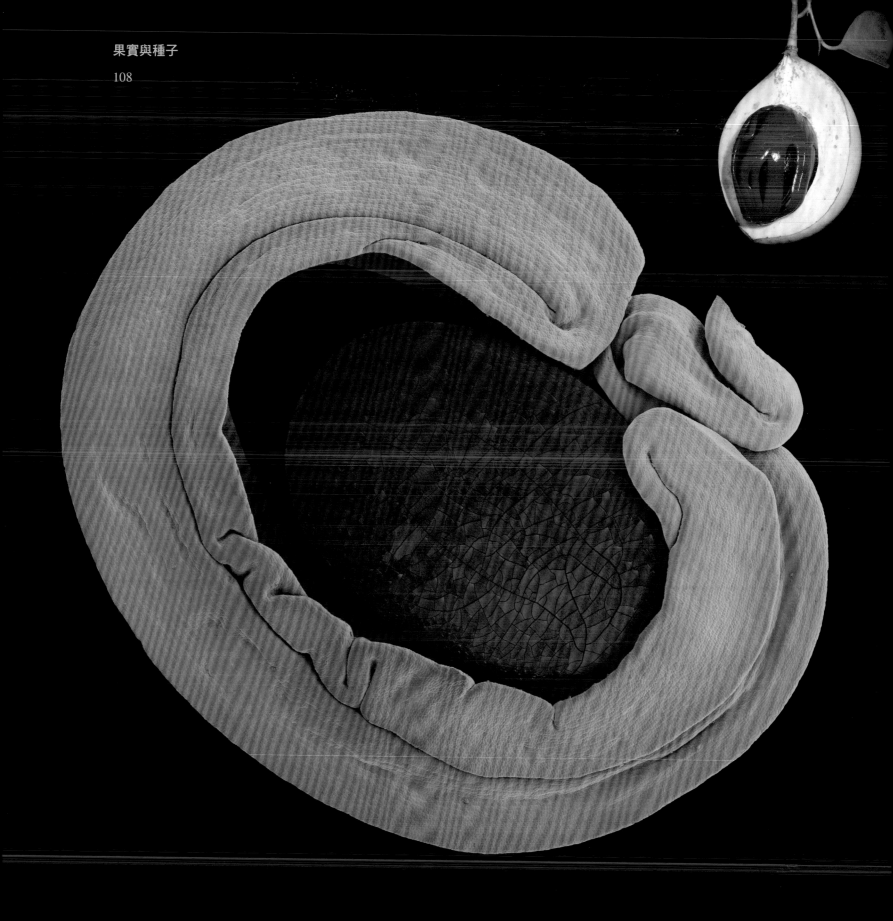

華麗的生存道具

動物傳播果實提供的可食回饋，通常是可以吃的肉質果壁。大型種子可能會有附屬物以吸引鳥類，那叫做假種皮。鮮明的對比是引誘鳥類傳播者的重要誘餌，而假種皮也有其作用。歐洲衛矛（*Euonymus europaeus*，衛矛科），就是北溫帶少數幾種果實與假種皮都很鮮豔的植物之一。鮮紅色的背裂蒴果打開後，會露出三或四顆包裹著深橘色假種皮的種子。這種懸垂的果實一旦完全打開，種子就會掉出來，在短短的「臍帶」（珠柄）上輕輕搖晃，展示起來更添動感。不過按照慣例，熱帶植物展示的規模會更大、也更鮮豔。黑色種子配上白色假種皮、襯著紅色果壁，顯然是很成功的傳播策略，因為有好幾種不同植物都分別演化成這樣，包括金龜樹（*Pithecellobium dulce*，豆科）和熱帶美洲的猴耳環（*Pithecellobium excelsum*）。鳥類傳播特徵的另一種常見版本，則是以明亮的果壁為背景，展示長了橘色或紅色附屬物的黑色種子，南非的天堂鳥花（*Strelitzia reginae*，旅人蕉科）的背裂蒴果就採用這種模式；這種植物的種子上有長得像亂蓬蓬的橘色假髮的奇特假種皮。同樣的特徵也出現在鳥類傳播的豆科植物上，包括緬茄木（*Afzelia africana*）和海岸金合歡（*Acacia cyclops*）。紐西蘭的提多奇樹有包裹在紅色肉質假種皮裡的黑色種子，會從不起眼的綠褐色果實中突然蹦出來。

最珍貴的紅色假種皮，隱藏在一種長相普通的果實裡。當肉荳蔻（*Myristica fragrans*，肉荳蔻科）果實厚厚的果壁（原本是綠色，後來會變成淡黃至淺棕色）從中間裂開的時候，會露出裡面那一顆包裹著特殊深紅色網狀假種皮的大種子。這種子和假種皮分別叫做肉荳蔻和肉荳蔻花，是幾百年來香料貿易中最珍貴的貨品。這兩者有非常類似的芬芳味道，但一般認為假種皮的味道更細緻。它們的自然傳播者是鳥類。在印尼，皇鳩屬的鳩類和犀鳥，可能是它們最重要的自然傳播者。

海岸金合歡（*Acacia cyclops*，豆科）─原產澳洲西南；種子四周有一圈明亮的橘色假種皮環繞，以吸引鳥類傳播。這種特別的假種皮是由雙層的「臍帶」（株柄）形成，先從一個方向環繞種子，再反折回來，反方向再繞一次；種子，9公釐長（包括假種皮）。（左頁左）

肉荳蔻（*Myristica fragrans*，肉荳蔻科）─原產摩鹿加群島；果實內含一顆種子（即被作為香料買賣的肉荳蔻），包裹在網狀鮮紅色肉質假種皮裡，假種皮可作成「肉荳蔻花」香料。在野外，這麼鮮豔的展示會吸引皇鳩（皇鳩屬 Ducula spp.）和犀鳥（犀鳥科 Bucerotidae）等鳥類，牠們都能吞下大型種子；種子，約3公分長。（左頁右上）

緬茄木（*Afzelia africana*，豆科）─原產熱帶非洲；打開的果實展示著大型的黑色種子和亮橘色的可食附屬物，顯然是為了吸引鳥類傳播；果實，約17.5公分長。（左上）

提多奇樹（*Alectryon excelsus*，無患子科）─原產紐西蘭；不起眼的綠褐色果實不規則開裂後，會露出包在猩紅色肉質假種皮中的黑色種子。從鳥類取走種子的速度來看，提多奇樹的鳥類傳播策略顯然非常成功；果實，8-12公釐長。（上）

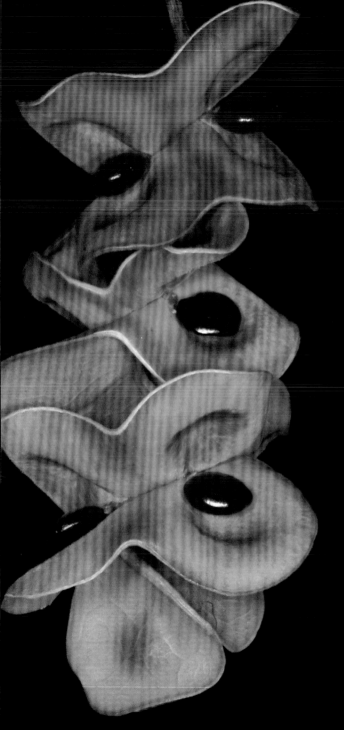

植物王國的騙子

　　在這趟植物的異色世界之旅結束之前，我們最後要看的是植物相當惡毒的一面，那就是植物的欺騙行為。只要物種之間存在著互惠的夥伴關係，騙子也就會出現，他們不打算付出任何回報，以欺騙手段來騙取服務或利益。這種節省成本的策略不只反映出人類社會的悲哀，同時也是大自然的普遍模式。植物也不例外：節省物質與能量可以提供演化上的優勢。有些食果鳥類和猴子成了果漿賊：牠們只吃果實多汁的部位，卻將種子丟在親樹的腳邊。而在另一方面，也有些植物演化出欺騙策略，騙動物吃下種子，卻不提供任何食物交換。禾草把自己又小又乾的果實藏在葉片間，藉此欺騙大型草食動物吃下肚，生態學家丹尼爾·簡森（1984）為這種計策發明了一個新用語「綠葉即果實」。其他植物則是大大方方地欺騙，長出的漿果、核果或有假種皮的果實或種子模仿鳥類傳播的肉質繁殖體的鮮明色彩。它們表面上是在提供食物，實際上卻不含對動物來說有營養、對植物卻會消耗能量的食物獎賞。

　　關於果實模仿的觀點雖然仍有爭議，但實驗也顯示，至少有某些天真的食果鳥類會因為誤認，而吃下對肉質繁殖體作擬態的騙人種子。擬態果實的例子很少見，主要是豆科植物，偶爾也有其他科會如此，像是無患子科的假山蘿類植物。豆科的普通策略是提供不能吃的黑色、紅色或對比鮮明的紅黑色種子，襯著米黃、淡黃或深橘紅色、但也一樣不能吃的心皮內壁。白雪木（*Pararchidendron pruinosum*）是一種小型的大洋洲雨林樹種，又叫做「猴耳環」，因為它搶眼的扭曲果莢用俗豔的紅色內果壁當背景，炫耀著閃亮的黑色種子。紐西蘭的北島帚木（*Carmichaelia aligera*）也有欺騙的嫌疑。果壁掉落之後，間雜黑斑的閃亮紅色種子，就會在周遭有對比效果的黑色果實框架上永久展示。

儘管有「多汁」的誘人外表，白雪木與北島帚木和那些詐騙同夥的果實和種子卻是又乾又硬。所以對吃果實的鳥類來說毫無用處，但對植物首飾的愛好者來說可就是珍品了。受歡迎的種子包括刺桐（刺桐屬），還有東南亞與澳洲的孔雀豆（*Adenanthera pavonina*，即俗稱的相思豆），和原產於美國西南部與墨西哥的德州紫藤木（*Sophora secundiflora*），以及巴拿馬的 *Ormosia cruenta* 的純紅色種子。紅黑雙色的種子更受歡迎，像是泛熱帶分布的雞母珠（*Abrus precatorius*，在有些地方也稱螃蟹眼），還有南美洲和加勒比海的單子紅豆樹（*Ormosia monosperma*），以及美洲的念珠吻豆（*Rhynchosia precatoria*）。

植物首飾製作者就可以確定告訴你，種子長得又硬又閃亮卻色彩鮮豔的植物種類並不多。的確，就像大部分的騙局一樣，提供看起來有肉卻不能吃的種子給那些不明所以的飢餓動物吃，這種招數只有在騙子少的時候才有用。太多擬態的種子只會讓真誠的傳播者感到挫折，迫使牠們另覓可靠的食物來源。到頭來，牠們會既不吃騙人的種子、也不吃能吃的種子，結果大家都沒好處。如同生物世界中的一切，天擇進行的演化在所有生物間維持著謹慎的平衡。

白雪木（*Pararchidendron pruinosum*，豆科）—原產馬來群島、新幾內亞和澳洲東部；顏色的安排指向鳥類傳播綜合特徵，但果實卻不含任何可食回饋。「果實擬態」到目前為止都還有爭議，一種果實模仿另一種果實的外形，或許至少可以欺騙經驗不足的食果鳥類吞下硬梆梆的種子；果實，8–12公分長。（左頁）

北島帚木（*Carmichaelia aligera*，豆科）—原產紐西蘭；色彩鮮豔的硬質種子強烈指向鳥類傳播適應。然而，這種果實沒有可食的回饋，讓人懷疑是欺騙行為；果實，約1公分長。（上）

雞母珠（*Abrus precatorius*，豆科）—所有熱帶地區都可發現；光亮堅硬的種子顏色如此鮮紅，很像那些適應鳥類傳播的肉質果實，但這種種子雖美卻有毒。這種泛亞洲分布的攀緣植物的種子，非常受植物首飾製作者歡迎；種子，直徑4公釐。（左）

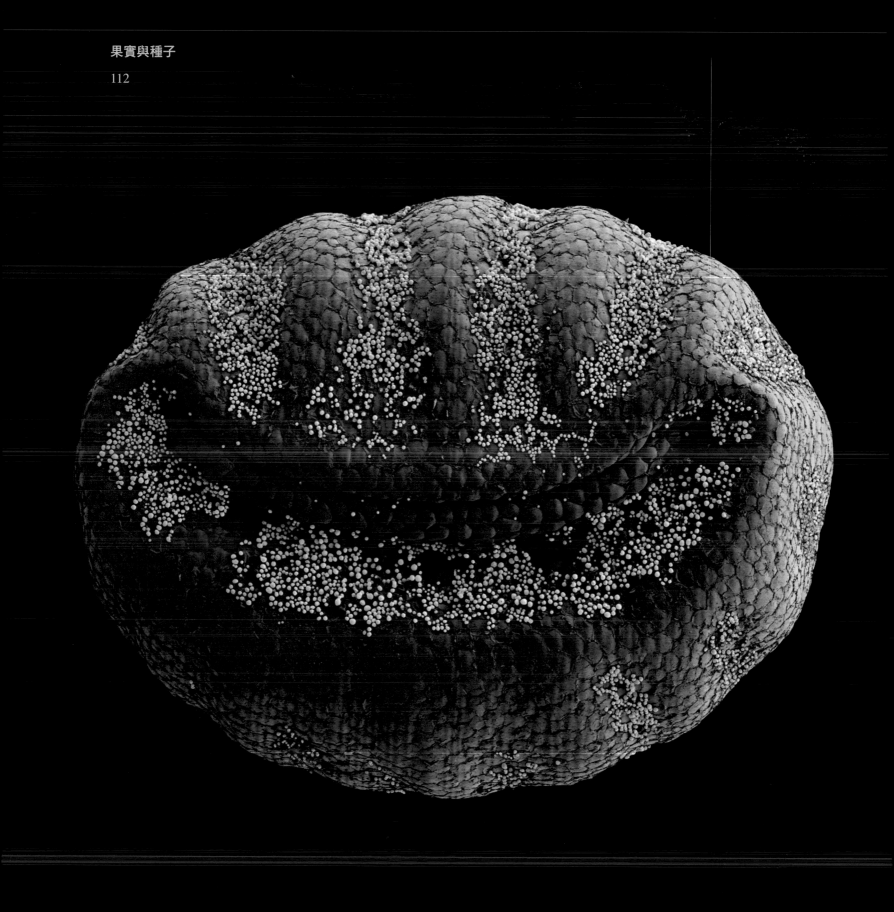

我們希望自己能啟發大眾、讓大眾更愛植物以及那些靠植物才能生存的生物，包括人類在內。本書中千變萬化的精采影像，時時刻刻提醒我們植物不僅僅有實際的用途，在它們精巧無比的求生策略中，也蘊藏著驚人的美。除此以外，植物就像我們一樣是活生生的，也一樣在努力求生存，這讓植物的美愈發神祕、更加不凡。

植物的生活奇特而不可思議，這本書就是對植物生命的一種活潑而富教育性禮讚。然而，沒有任何人可以輕忽目前正威脅著、甚至摧毀地球上生命的全面性嚴重問題。人口過多對自然棲地造成的大規模破壞，加速了全球許多種動植物的滅絕。物種一旦滅絕就永不復返，歷經千百萬年才演化出來的這面龐大而美麗拼圖中的一片片從此消失。更雪上加霜的，是單一物種的滅絕也會影響到與牠們數千年、甚至數百萬年以來分享同一棲地的其他物種。生命之網是唇齒相依的複雜網絡，每個滅絕物種引起的漣漪，究竟會擴散成怎樣的後果，沒有人可以預料。每個垂死的物種都會在生命之網留下一個破洞，而每當一種生物逝去，生命之網就再次被削弱。人類一度也曾是生命之網中的一條線，但大約從1萬年前開始，人類開始濫用地球的資源，而這種作法也開始破壞地球、切斷越來越多條線。我們必須不斷提醒自己，支撐我們的，就是生命之網的多樣性。摧毀生命之網，就等於在鋸斷我們自己棲身的那根樹枝。

化石記錄告訴我們，地球上的生命已經歷經了五次的全球性大滅絕。每次災難之後，全球的生物多樣性都要耗時400萬到2000萬年之久才能恢復。以人類的眼光來看，這樣的時間長度難以想像，對我們來說也就意味「永恆」，因為我們現代人類存在還不到20萬年。因此，如果我們想要讓環境有短期復原的機會，就必須立刻行動。

我們已經逐漸警覺到自己在環境方面所造成的災難性影響。儘管有點荒誕，但是因為人口過多和氣候變遷威脅到人類「文明」所引起的恐慌，其實也為地球綻放了一道希望的光芒。我們「智人」（*Homo sapiens sapiens*）也許來得及找出方法，讓我們不愧對這個名稱，讓理性戰勝自私的本能。

聚花草（*Floscopa glomerata*，鴨跖草科）—原產非洲；種子，1.5公釐寬。（左頁）

矢車菊（*Centaurea cyanus*，菊科）—原產歐亞大陸與北非；又短又硬的剛毛就相當於親緣關係接近的蒲公英（*Taraxacum officinale*）風力傳播果實的「降落傘」（冠毛）。然而，矢車菊如鱗片般的冠毛碎片，排列得既不恰當，又沒有大到可以在風力傳播中扮演一定的角色。相反的，這些鱗片會因為溼度改變，而重複往裡或往外移動，把果實在地上推進數公分。避免往相反方向運動的機制，是沿冠毛鱗片周圍排列的一些非常短、向前指的齒。為了要讓螞蟻協助傳播，這種「下位瘦果」在基部有一塊可以吃的「油體」（油質體）；果實，6公釐長。（下）

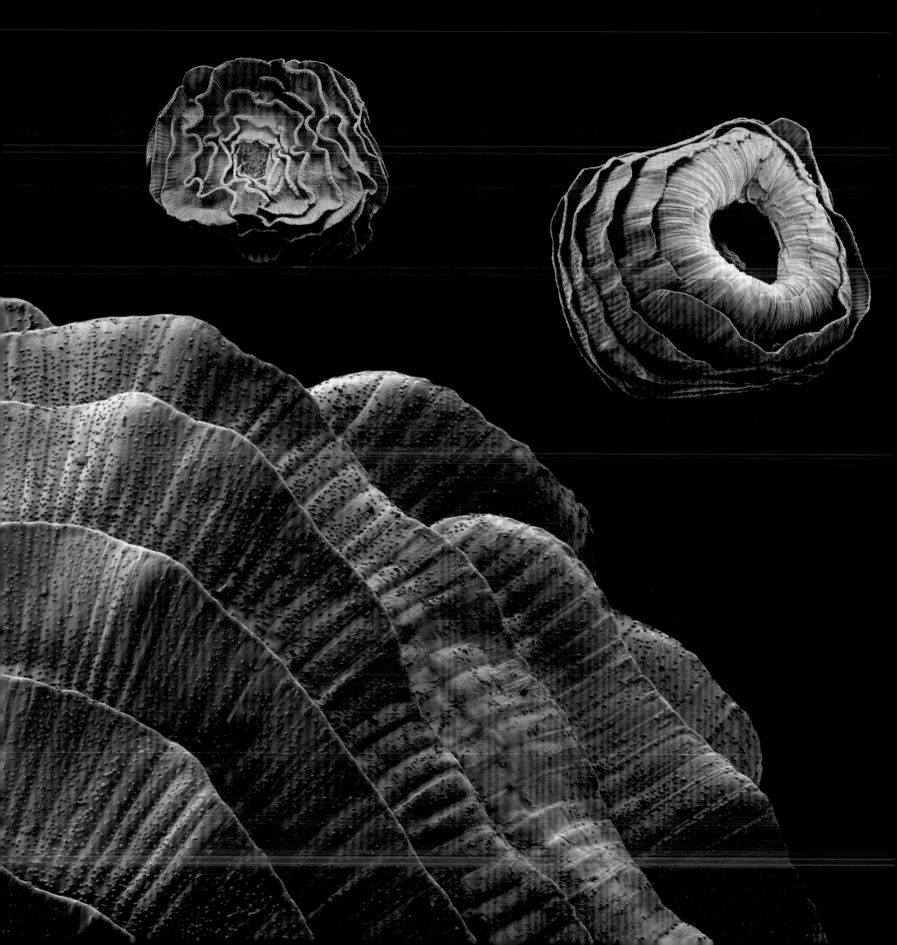

美麗新世界

植物世界的繽紛色彩與結構彷彿有無窮盡的變化，啟發了世世代代的藝術家與插畫家，創造出令人目不暇給的豐富繪畫與插畫。這些作品跨越文化與時空，展現在眾多讀者面前，讓人為之目眩神迷。描繪植物的方式反映出素材來源的多樣性以及藝術家的目的，包括為了科學記錄的精確植物學插畫，以及具有無限想像力的各種詮釋方式。18世紀攝影技術的發展，以及19世紀晚期顯微鏡的精進，揭露了全新的精采型態。然而，到了20世紀，尤其是在二次世界大戰後，生物學家發現，原本用於材料科學的電子顯微鏡有了長足的進步。光學顯微鏡不再是探索自然界「看不見的東西」的唯一方法。多年來，這種高度專業又所費不貲的設備僅被設置在幾個卓越的研究中心，供實驗科學家使用與分享，沒有人想到會有這麼多的大好機會讓藝術融入其中。如今，經歷了過去20年來數位影像的蓬勃發展，一種共同的語言已然成形，也為藝術界與科學界提供了機會與動力，促使彼此攜手進行非凡的合作。本書中這些令人讚嘆的花粉、種子與果實的影像，就是透過藝術家的巧手，發揮這些新科技所具備的一些潛能。他們操控色彩，將掃描式電子顯微鏡的使用推向新的領域，讓忠實呈現的科學影像，也能喚起撼人心弦的超現實感。

飛燕草
靠風力傳播
的種子，身披
螺旋狀排列的紙質
薄片洋裝：*Consolida
orientalis*（原產地區－歐
洲南部；種子，直徑1.8公釐）。
（左頁上左）

Delphinium peregrinum（原產地區－地中
海地區；種子，直徑1.2公釐）。（左頁上右）

Delphinium requienii（原產地區－法國南部、科
西嘉和薩丁尼亞；種子，2.6公釐長）。（上）

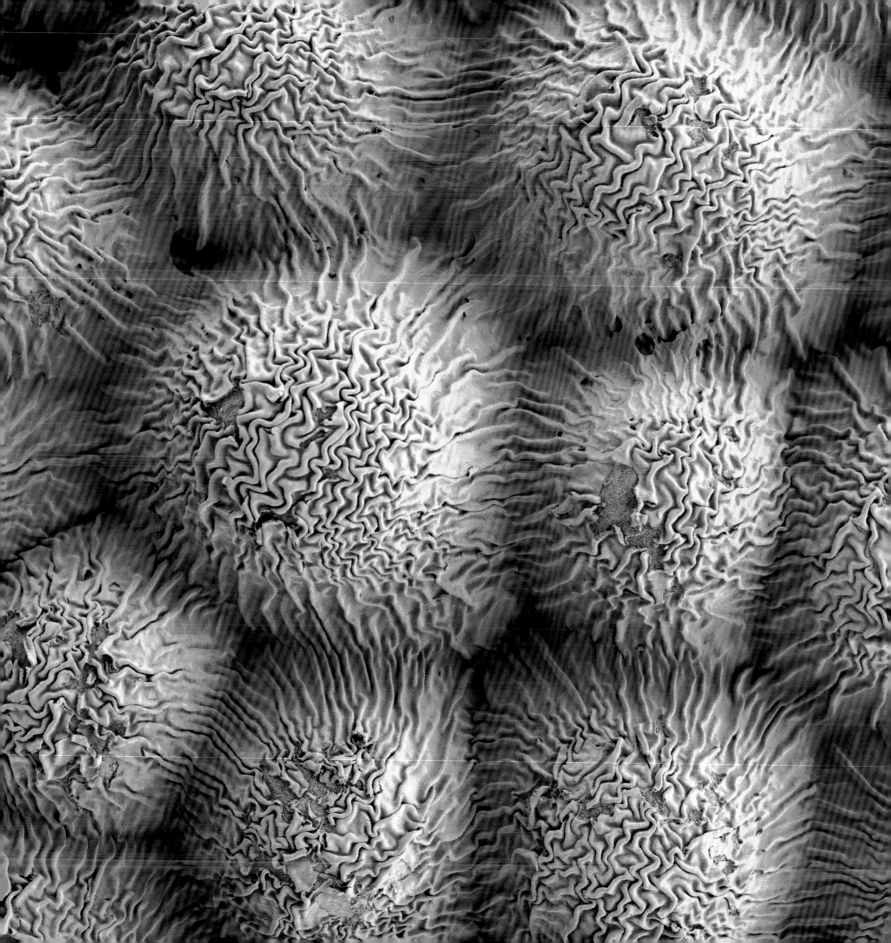

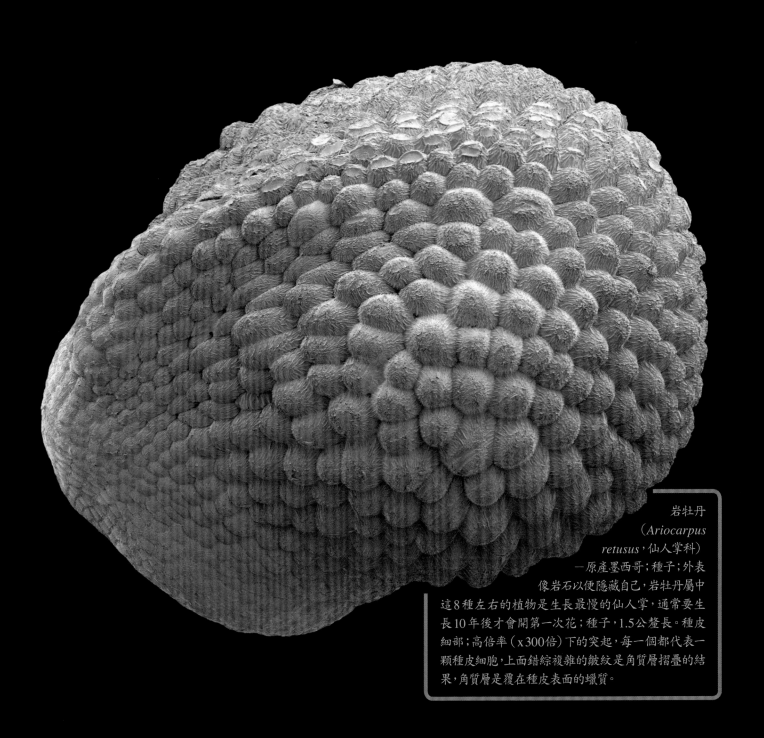

岩牡丹
（*Ariocarpus
retusus*，仙人掌科）
—原產墨西哥；種子；外表
像岩石以便隱藏自己，岩牡丹屬中
這8種左右的植物是生長最慢的仙人掌，通常要生
長10年後才會開第一次花；種子，1.5公釐長。種皮
細部；高倍率（x300倍）下的突起，每一個都代表一
顆種皮細胞，上面錯綜複雜的皺紋是角質層摺疊的結
果，角質層是覆在種皮表面的蠟質。

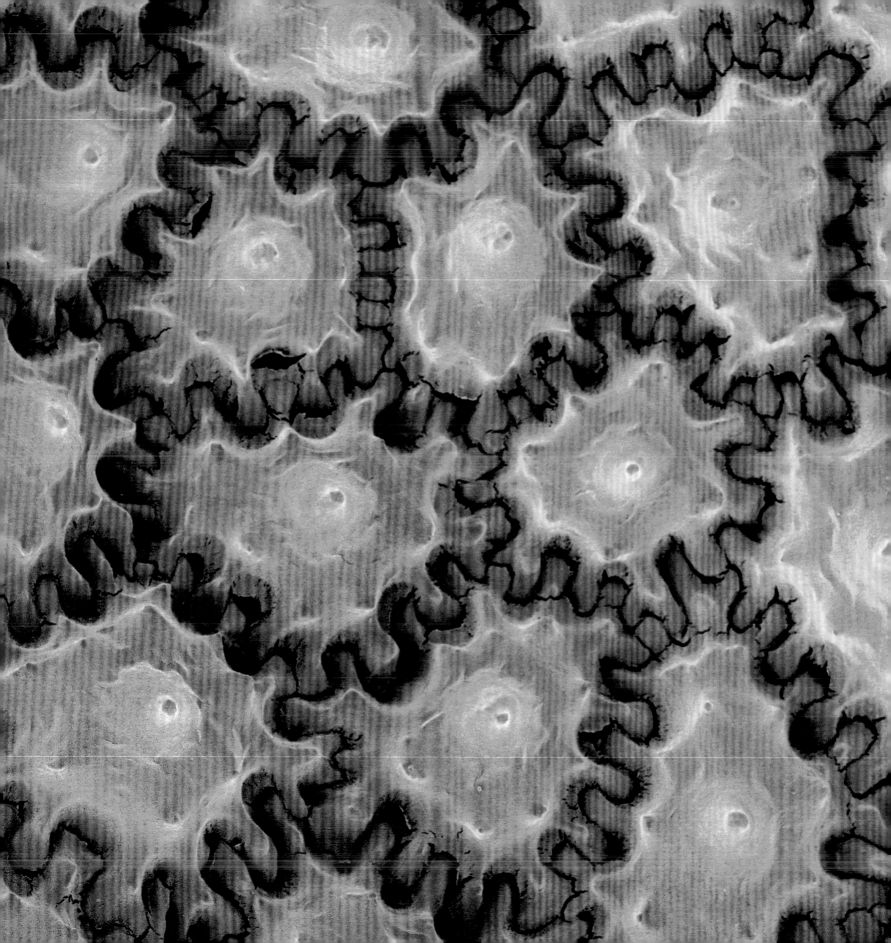

韭蔥（*Allium ampeloprasum*，蔥科）－原產歐亞大陸與北非；扁平的種子外形指向適應風力傳播；種子2.9公釐長。種皮細部（x500倍）。

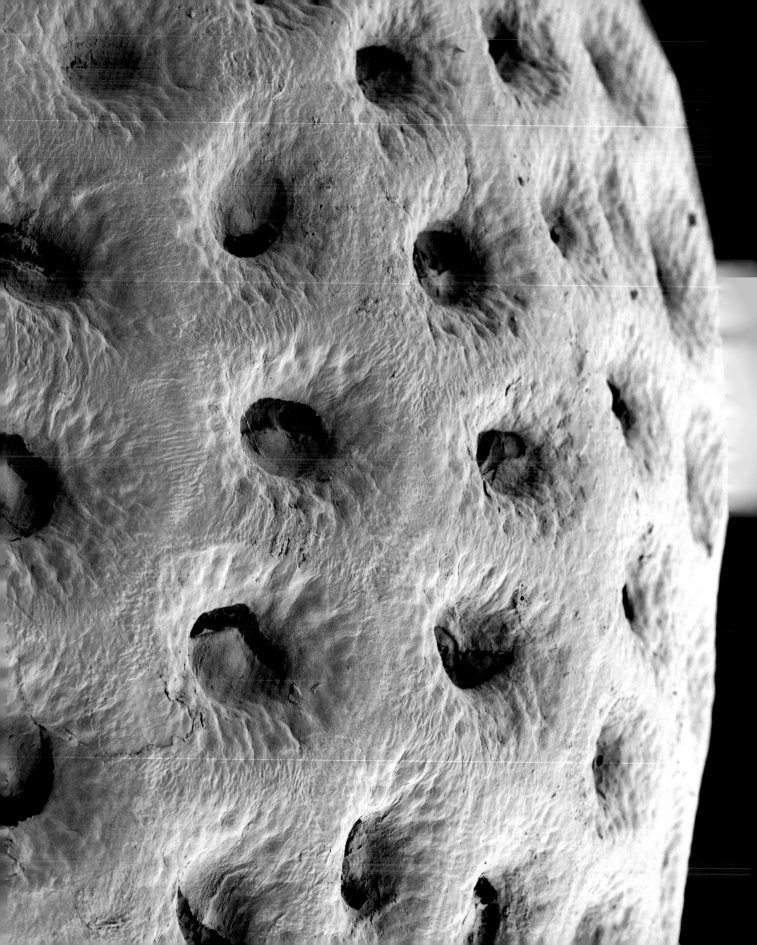

加州魚鉤仙人掌
（*Mammillaria dioica*，
仙人掌科）—原產加州與
墨西哥；種子1.1公釐長。種皮
細節（x 500倍）。

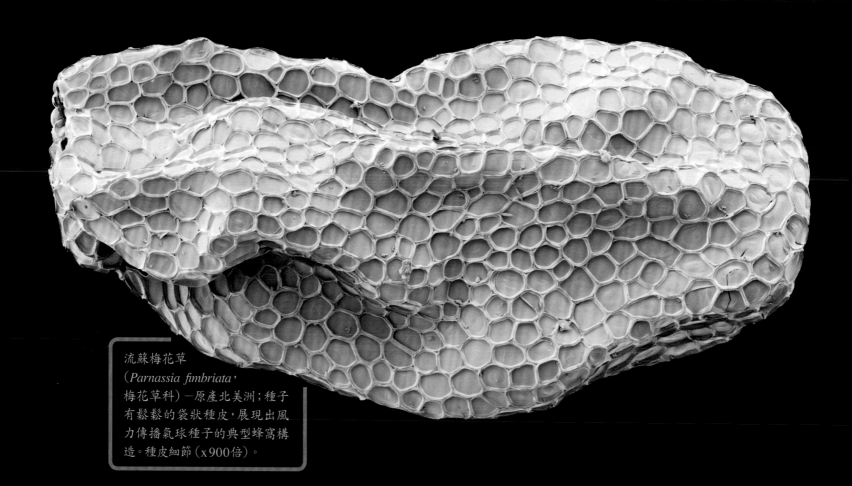

流蘇梅花草
（*Parnassia fimbriata*，
梅花草科）－原產北美洲；種子
有鬆鬆的袋狀種皮，展現出風
力傳播氣球種子的典型蜂窩構
造。種皮細節（x900倍）。

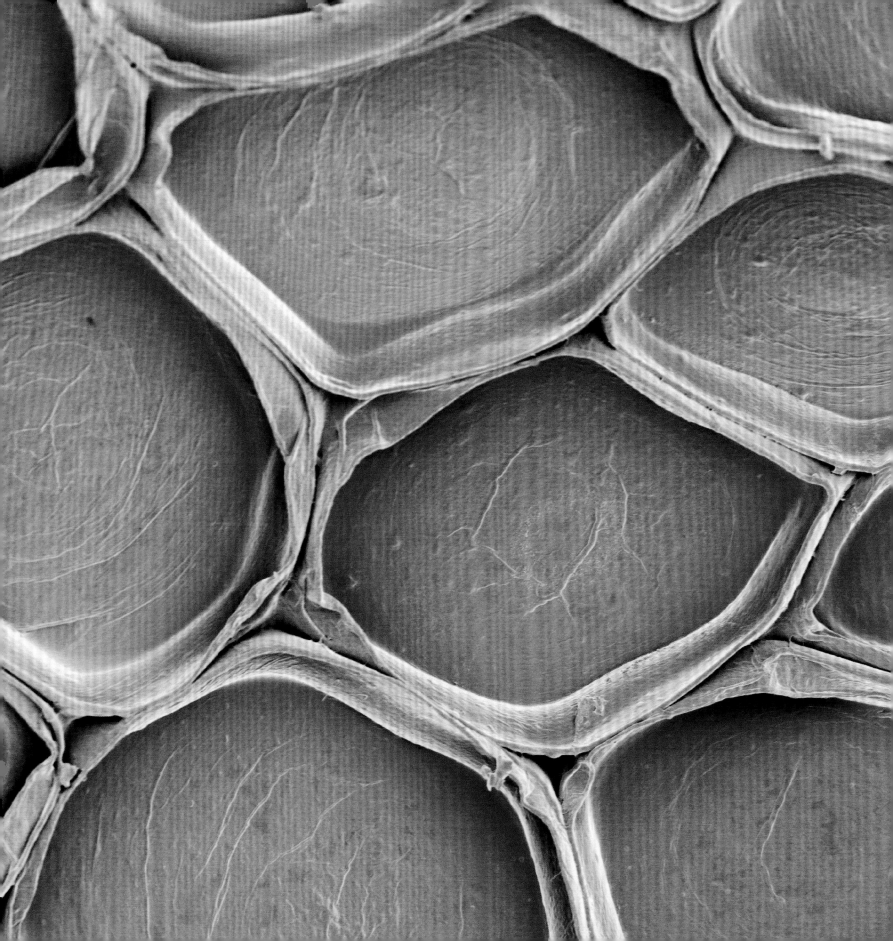

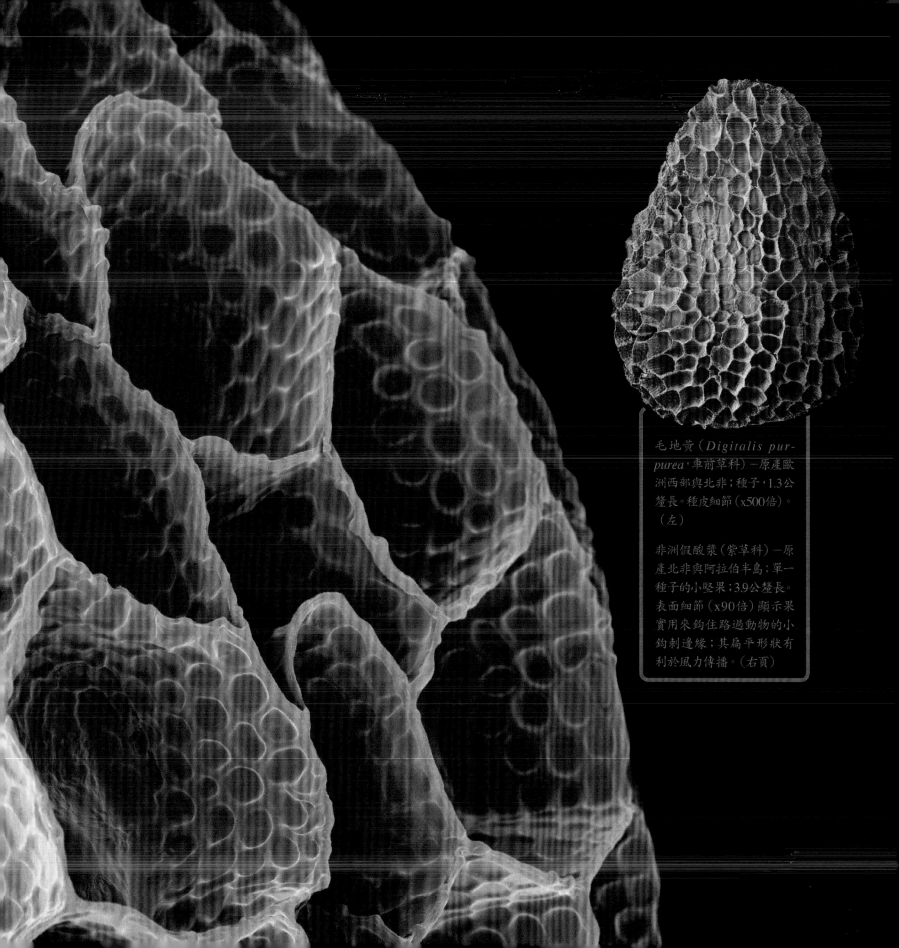

毛地黃（*Digitalis pur-purea*，車前草科）－原產歐洲西部與北非；種子，1.3公釐長。種皮細節（x500倍）。（左）

非洲假酸漿（紫草科）－原產北非與阿拉伯半島；單一種子的小堅果；3.9公釐長。表面細節（x90倍）顯示果實用來鉤住路過動物的小鉤刺邊緣；其扁平形狀有利於風力傳播。（右頁）

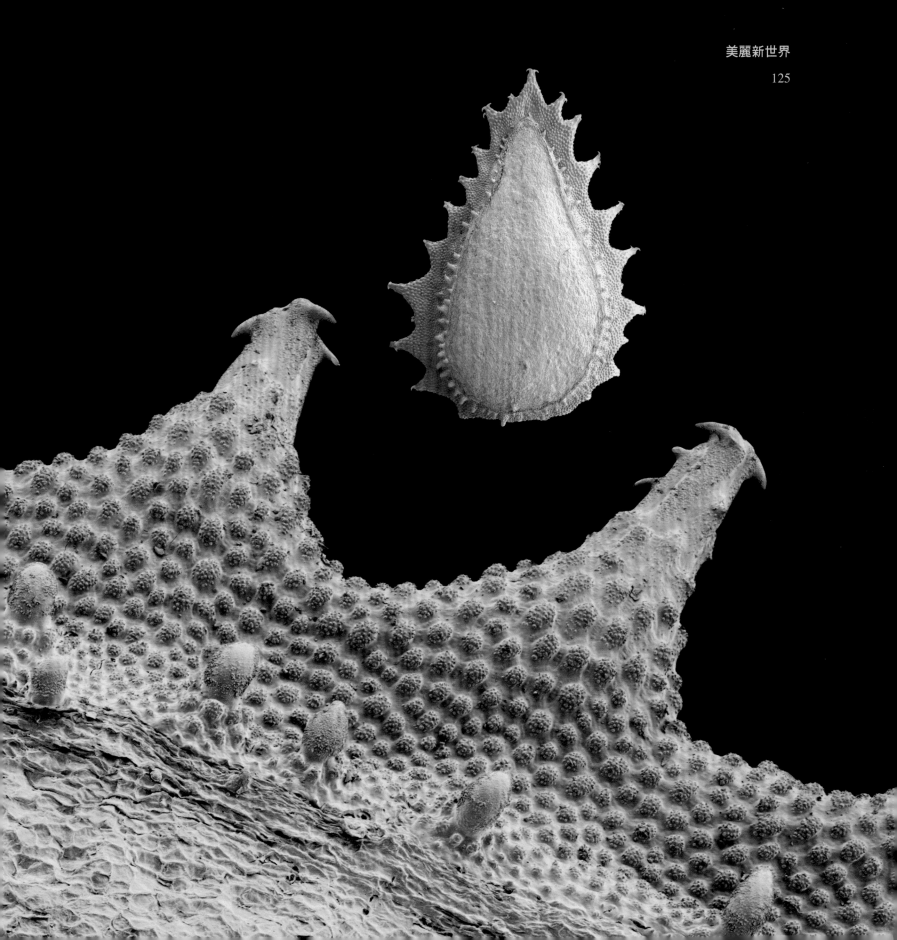

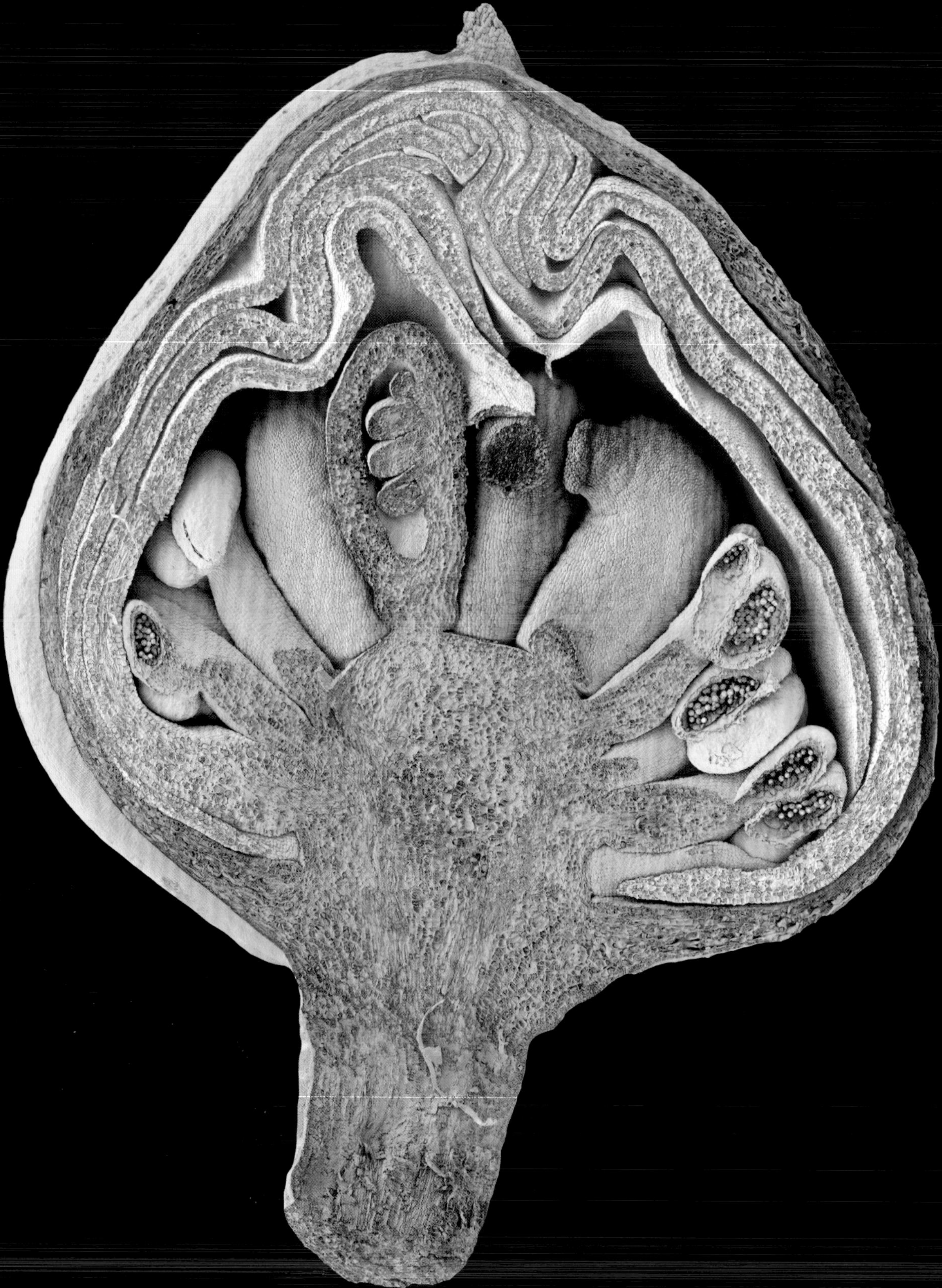

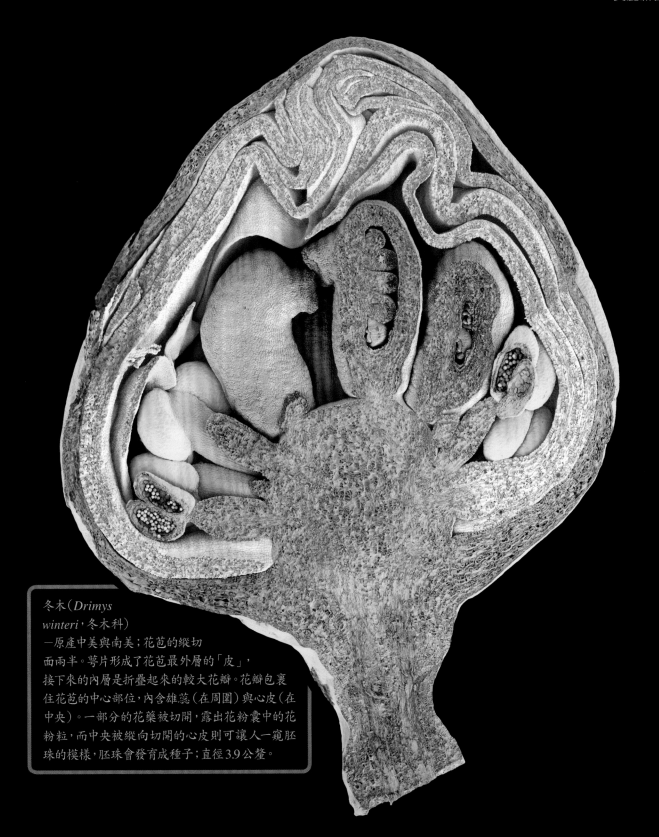

冬木（*Drimys winteri*，冬木科）
─原產中美與南美；花苞的縱切
面兩半。萼片形成了花苞最外層的「皮」，
接下來的內層是折疊起來的較大花瓣。花瓣包裹
住花苞的中心部位，內含雄蕊（在周圍）與心皮（在
中央）。一部分的花藥被切開，露出花粉囊中的花
粉粒，而中央被縱向切開的心皮則可讓人一窺胚
珠的模樣，胚珠會發育成種子；直徑3.9公釐。

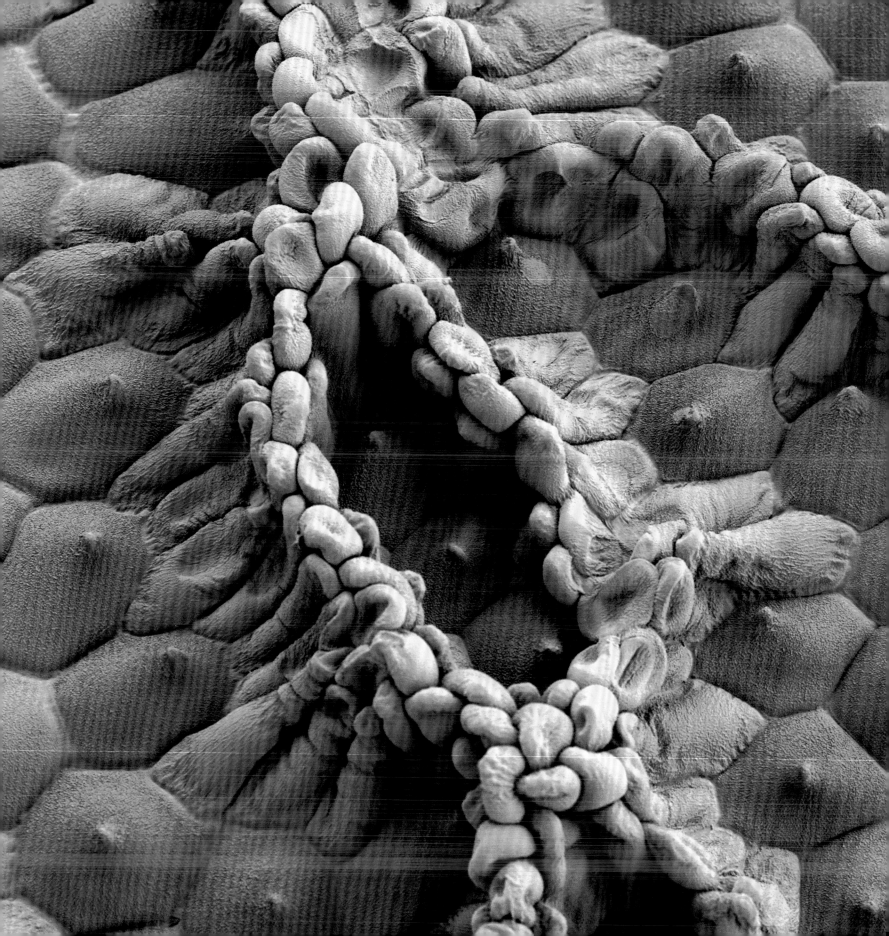

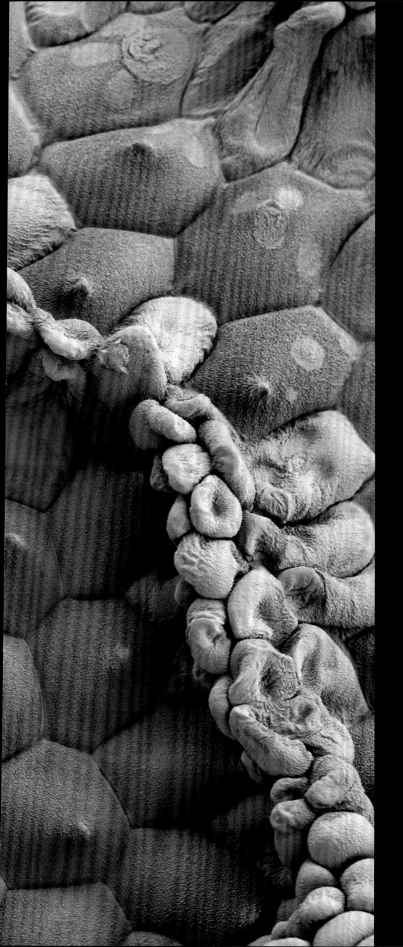

黑種草（*Nigella damascene*，毛茛科）
—原產地中海地區；是開藍色花朵的熱
門庭園植物，種子上有吸引人的表
面紋路；種子，2.6公
釐長。種皮細部
（x180倍）。

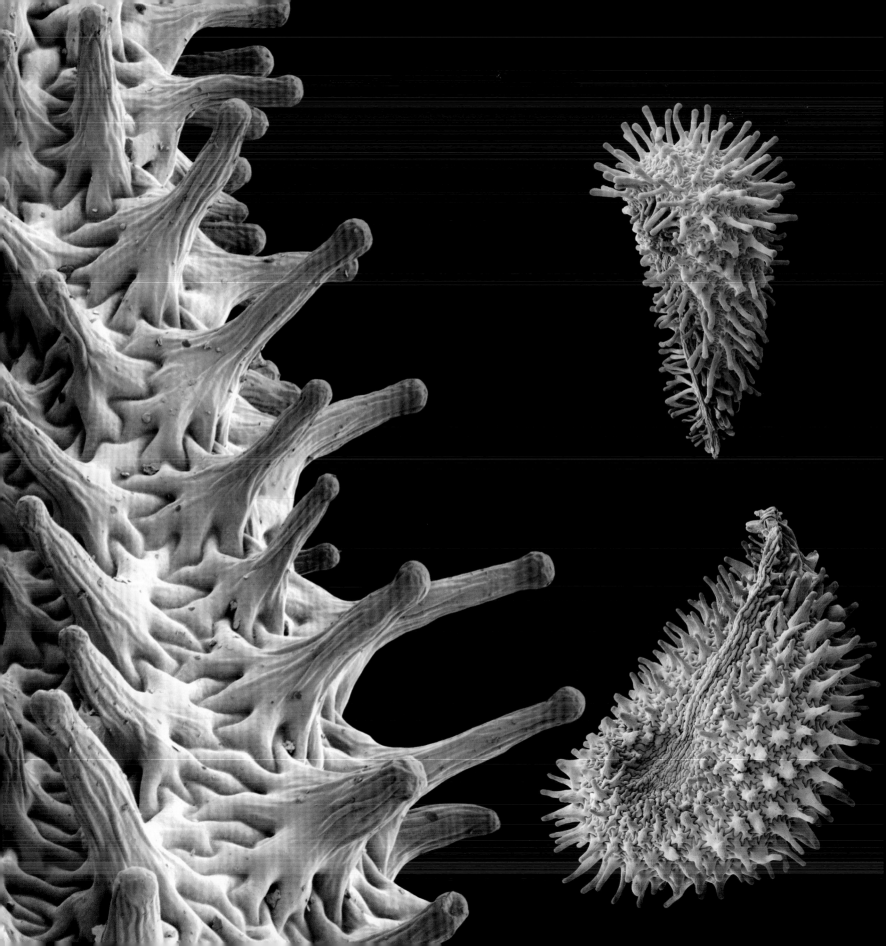

橙花天鵝絨
（*Ornithogalum dubium*，
風信子科）—原產南非；種子表面錯綜複
雜的鋸齒圖案由個別種皮細胞間的波浪
形邊界構成；種子1.1公釐長。種皮細部
（x300倍）。（左頁）

小毛茛（*Ranunculus pygmaeus*，毛茛科）
—原產歐洲北部、阿爾卑斯山東部、喀爾巴
阡山西部與北美；有花朵與果實的嫩枝條；
花直徑4公釐。（左）

小花毛茛（*Ranunculus parviflorus*，毛茛
科）—原產西歐與地中海地區；一朵花會長
成數顆小堅果，這是其一；堅果表面的鉤
顯示動物傳播的適應；3公釐長。（上）

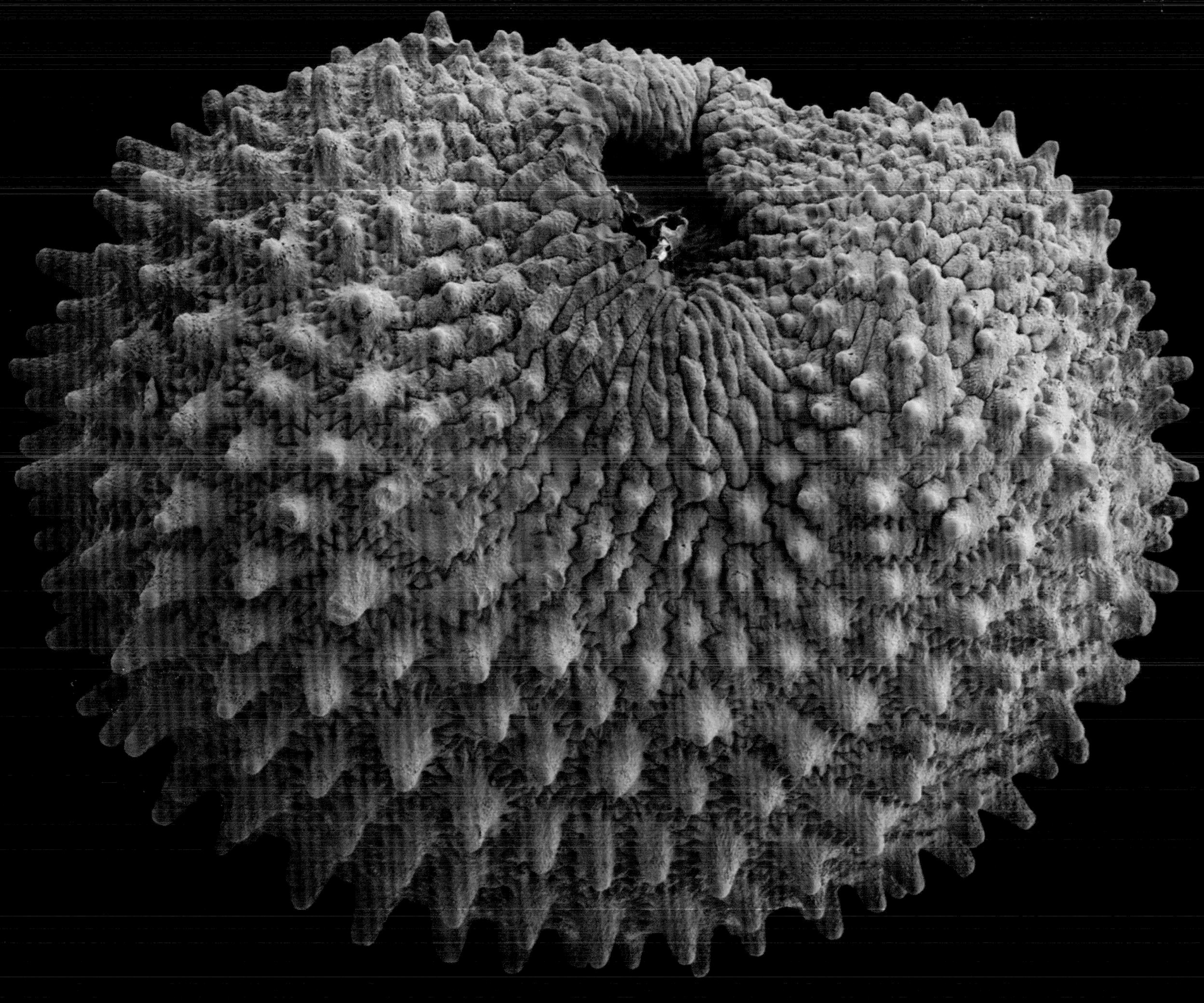

剪秋羅（*Lychnis floscuculi*，石竹科）—原產歐亞大陸；種子；種皮上突起的細胞緊密連接像拼圖，如圖所示，複雜的起伏線條紋路勾勒出個別種皮細胞的輪廓；種子，0.9公釐長。（左頁）

富蘭克林無心菜（*Eremogone franklinii*，石竹科）—原產北美；種子表面有典型石竹科種子的複雜鋸齒紋路；種子，直徑1.3公釐。（右）

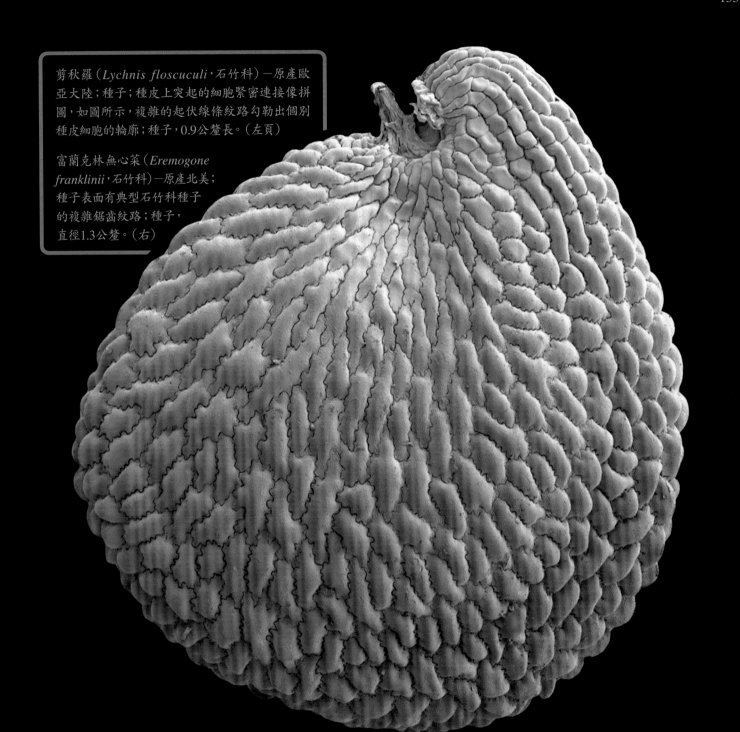

尼泊爾鳶尾
（*Iris decora*，鳶尾科）
─原產喜馬拉雅山區。

球狀的花粉粒有許多網狀
小板塊（x1000倍），來自名
為「太平洋海岸」園藝品種
類群的鳶尾花朵。（右頁）

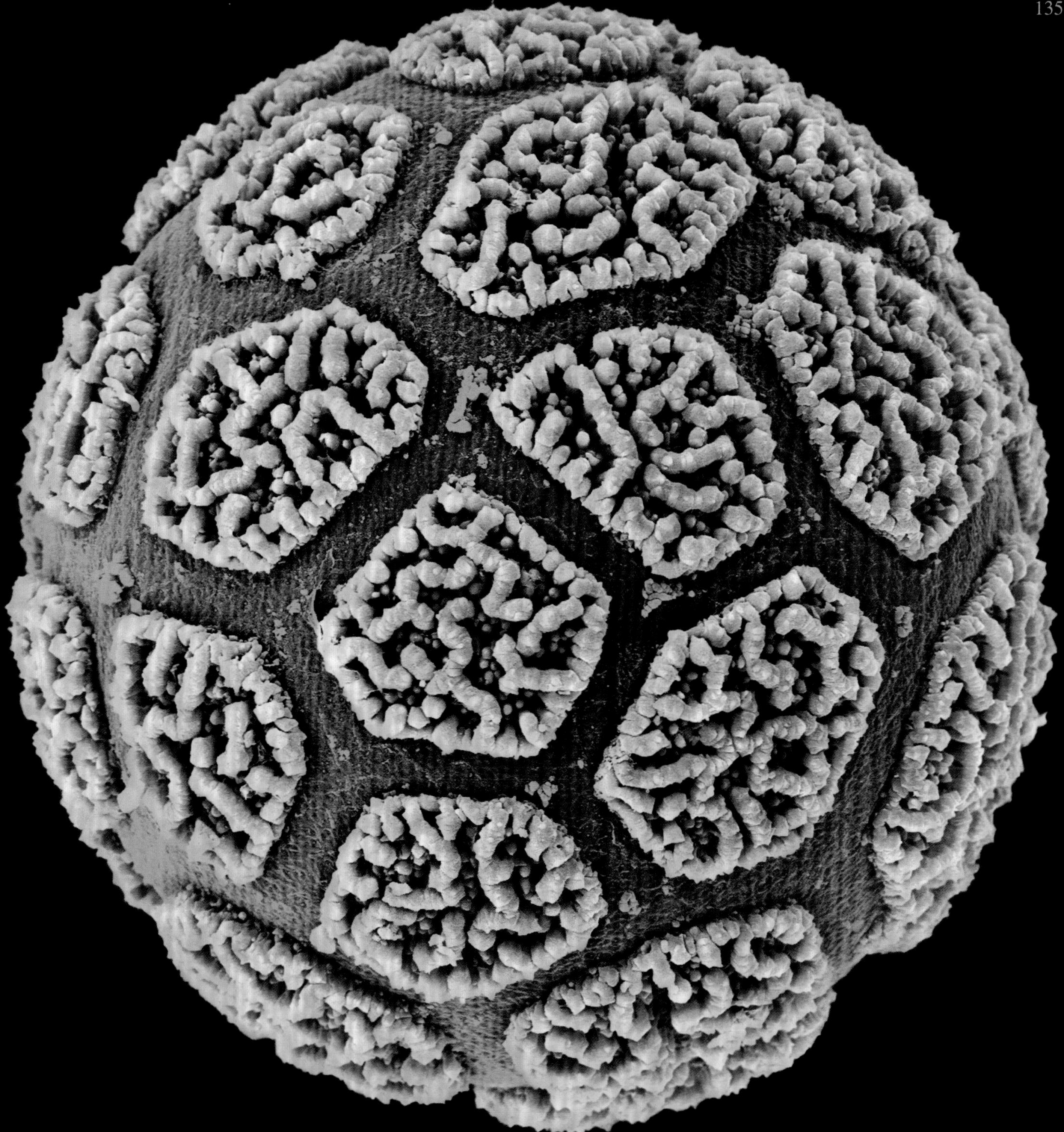

子房 ovary
（新拉丁文 *ovarium* = 容納卵的地方或設備，來自拉丁文 ovum = 卵）：雌蕊中含有胚珠的膨大部位，通常位於雌蕊的較低部位。

子葉 cotyledon
（希臘文 *kotyle* = 凹陷的物體；影射子葉那種通常為匙狀或碗狀的外形）：胚的第一片葉子（單子葉植物）或是第一對葉子（雙子葉植物）。

小果 fruitlet
果實的分離傳播單位，可能是（1）成熟分離果的心皮或半心皮，（2）成熟多花果的單一心皮，或是（3）複果的成熟（單一或多心皮的）子房。

小堅果 nutlet
「堅果」的「小」義詞綴，指的是像堅果一樣的單獨小果，或是從兩個或多個離生心皮構成的雌花器發育而成的分離果實。

不開裂果 indehiscent fruit
即使成熟也仍封閉的果實。

中果皮 mesocarp
（希臘文 *mesos* = 中間的 + *karpos* = 果實）：果壁（果皮）的肉質中層。

內果皮 endocarp
（希臘文 *endon* = 在裡面 + *karpos* = 果實）：核果中形成種子周圍硬質果核的最內層果皮（果壁）。

內攜傳播 endozoochory
（希臘文 *endon* = 在裡面 + *zoon* = 動物 + *chorein* = 傳播）：植物的繁殖體藉著被動物吃下肚而在動物（含人類）的消化道中被帶著傳播；堅硬、味道差或有毒的種子或內果皮通常是嚼不動的，所以會毫髮無傷的跟著糞便排出。

分離果 schizocarpic fruit
（新拉丁文，源自希臘文 *skhizo-*，源於 *skhizein* = 分開 + *karpos* = 果實）：心皮在授粉時為部份合生或完全合生，但成熟時卻會彼此分離的小果，每一顆都是一個繁殖體。

心皮 carpel
（現代拉丁文：*carpellum* = 小果實；源於希臘文：*karpos* = 果實）：在被子植物中，包圍住一顆或數顆胚珠的可孕性葉片。心皮通常可以再細分為內含胚珠的部分（子房）、花柱和柱頭。一朵花的心皮可以是彼此分離（例如毛茛屬 *Ranunculus* spp.）或是彼此相連（例如柳橙 *Citrusxsinensis*，柳橙的每一個果瓣都代表一個心皮）。

世代交替 alternation of generations
植物的生命週期和動物不同，牽涉到兩個世代，會發生有絲分裂，有雙套孢子體（有兩套染色體，雙親各提供一套）和單套配子體（只有半數的染色體）。單套配子體會產生精細胞與卵細胞。精細胞讓卵細胞受精之後，就會成為雙套體合子，將來發育成孢子體。孢子體成熟時，會產生單倍體孢子，這些孢子再發育為配子體，循環交替。若對應到動物身上，則這個假設場景就會是精細胞和卵細胞首度長成兩個單獨有機體時，這階段中會製造出配子以促進受精。

四聯體 tetrad
（希臘文 *tetra* = 4）：指四個相連的花粉粒或孢子的通俗名詞，可形容傳播時的單位，也可形容發育階段。

外果皮 epicarp
（希臘文 *epi* = 在…上面 + *karpos* = 果實）：果壁（果皮）的最外層，通常是一層軟皮或革質果皮。

外附傳播 epizoochory
（希臘文 *epi* = 在…上面 + *zoon* = 動物 + *chorein* = 傳播）：繁殖體附著在動物體表傳播。外附傳播的繁殖體會以倒刺、小鉤或黏性物質黏附在動物的毛髮、毛皮、羽毛或人類的衣物上。

合子 zygote
（希臘文 *zygotos* = 連結在一起）：已受精（雙套染色體）的卵細胞。

多花果 multiple fruit
由兩個或更多離生心皮的雌花器發育而成的果實；每個心皮都會發育成一個小果，例如覆盆子。

多粉體 polyads
（希臘文 *poly* = 多）：成熟時黏在一起的一群花粉粒，傳播時也是以此為單位。多粉體通常是四顆花粉粒或其倍數形成的群體。

自主散播 autochory
（希臘文 *autos* = 自我 + *chorein* = 散播）：自我傳播。

果皮 pericarp
（新拉丁文 *pericarpum*，源於希臘文 *peri* = 環繞 + *karpos* = 果實）：結果階段的子房壁。果皮可能性質一致（像是漿果）、或是分成三層（像是核果），稱為外果皮、中果皮和內果皮。

果序 infructescence
結果期階段的花序上的花朵。

果實 fruit
任何自給自足、含有種子的構造，也包括那些因育種而沒有種子的果實。

果壁 fruit wall
果實的一部分，是從子房壁衍生出來的，也稱為「果皮」。

油質體 elaiosome
（希臘文 *elaion* = 油 + *soma* = 物體）：字面上意義為「油體」；是一個普通生物學名詞，指的是種子或其他繁殖體上的可食油質附屬物，通常會用在螞蟻傳播的敘述中。

花序 inflorescence
植物體上長著一群花朵的部位；花序有可能是一群鬆散的花朵（如百合），或是高度密集的分化結構，類似一朵單獨的花，像是向日葵家族（菊科）的頭狀花序。

花冠 corolla
（拉丁文 corolla＝小花環或皇冠）：一朵花裡所有的花瓣，也就是花被內圈的花狀葉構造。

花柱 style
（希臘文：stylos＝圓柱、柱子）：被子植物中，心皮或雌蕊連接柱頭與子房之間的細長部位，花粉管會經過這個部分，往下生長到達子房。

花粉 pollen
（拉丁文裡的細麵粉）：種子植物的小孢子，能在柱頭上（被子植物）或胚珠的花粉室中萌發（裸子植物）。萌發的花粉粒和其花粉管，就代表一株非常小、極端簡化的配子體。

花粉孔 aperture
在花粉粒的花粉壁上預先形成的開口，供花粉管穿過。

花粉室 pollen chamber
許多裸子植物胚珠頂端的空間，花粉粒最後會抵達該處並在那裡萌發。

花粉脂 pollenkitt
主要由飽和與不飽和的脂質、類胡蘿蔔素、蛋白質與羧基多醣所構成的黏性物質。目前學者研究過的所有被子植物花粉都有花粉脂，但青苔（苔蘚植物門）、蕨類（蕨類植物門）和裸子植物卻似乎沒有。這種物質具備多種功能：控制花粉壁內的蛋白質；讓花粉粒留在花藥上或花藥附近，直到被傳粉動物帶走為止；讓花粉粒維持成群，這樣才能以大型的花粉「包裹」型態一起抵達柱頭；讓花粉能黏住昆蟲、鳥喙等等；保護花粉粒中的細胞質免受太陽輻射傷害；避免細胞質流失過多水分；決定花粉的顏色；以油質與芳香成分吸引傳粉者。

花粉塊 pollinium
個別的花粉粒持續互相黏結的結構，在運送時被當成單一的傳播單位。

花粉管 pollen tube
從萌發的花粉粒長出的管狀構造。蘇鐵和銀杏的

花粉管曾把活動的精子直接釋放在花粉室中，精子再從那裡游到藏卵器。針葉樹和被子植物的花粉管會把裸露而無活動能力的精子細胞核直接送到卵細胞。

花粉囊 pollen sac
被子植物產生花粉的容器；和蕨類植物的孢子囊同源。一枚花藥通常有四個花粉囊。

花被 perianth
（希臘文 peri＝環繞；anthos＝花）：明顯有分化成花萼（外圈花被）與花冠（內圈花被）的花蓋。

花絲 filament
（拉丁文 filum＝線、帶子）：雄蕊的柄。

花萼 calyx
（希臘文 kalyx＝杯子）：花朵上所有的萼片，也就是花被最外輪，像花的葉狀構造。

花瓣 petal
（新拉丁文 petalum，來自希臘文 petalon＝葉）：有些花朵的外圈花被和內圈花被不同，內圈的那一組花被就稱為花瓣。一朵花的花冠通常色彩鮮豔而引人注目，那就是由花瓣所構成。

花藥 anther
（中古時代拉丁文 anthera＝花粉，衍生自希臘文 antheros＝花的，來自 anthos＝花）：被子植物的雄蕊上產生花粉的部位。花藥由兩片可孕性的瓣片所組成，名為「花粉藥室」，每個藥室中各有兩個花粉囊，通常是沿縱向的裂縫、瓣膜或孔洞開裂。這兩個藥室由名為「藥隔」的不孕性部位相連結，這也是花藥連接花絲的點。

孢子 spore
用來行無性繁殖的細胞。

孢子植物 cryptogams
（希臘文：kryptos＝隱藏＋gamein＝結婚、交配）：舊的集合名詞，指所有不具備可辨識的花朵的植物。孢子植物包括藻類、真菌（雖然真菌並不真的算是植物）、苔蘚、蕨類與擬蕨類。希臘文的意

思是「那些偷偷交配的傢伙」，指的是這類植物不具備花朵這種有性繁殖的明顯特徵。

孢子囊 sporangium
（希臘文 sporos＝胚芽、孢子＋器皿、容器）：有外細胞壁和核心細胞群的容器，會產生孢子。

孢子囊群 sorus
蕨類葉片背面的孢子囊群聚。

孢子體 sporophyte
（sporos＝胚芽、孢子＋phyton＝植物）：字面意義就是「產生孢子的植物」；在植物的生命週期中，這個雙套體世代會產生無性的單套體孢子，再長出單套配子體。

柱頭 stigma
（希臘文＝斑點、傷痕）：被子植物雌花器的特化區域，可以接收花粉粒，並促進花粉粒的萌發；柱頭通常由花柱撐舉在子房的上方。

科 family
現生生物系統分類階層的主要層級之一。主要的分類層級是（以遞降排列）界、門、綱、目、科、屬和種。

胚 embryo
（拉丁文 embryo＝沒出生的胎兒、胚芽，源自希臘文 embryon：en-＝在裡面＋bryein＝使飽滿以長出來）：在植物中指卵細胞受精之後發展而成的年幼孢子體。

胚乳 endosperm
（希臘文 endon＝在裡面＋sperma＝種子）：種子中富含營養的組織。

胚珠 ovule
（新拉丁文 ovulum＝小卵）：種子植物的雌性性器官，在卵細胞受精後會發育成種子。

胚囊 embryosac
被子植物中，胚珠的雙套體細胞在減數分裂後會形成單套體細胞（稱為大孢子），由大孢子發育而

的雌配子體稱為胚囊。經過三次有絲分裂後，大孢子會產生雌配子體／胚囊，內含分散在總共七個細胞中的八個核：三個細胞在珠孔端（卵細胞和兩個「輔助細胞」），三個「反足」細胞在合點端，還有一個雙核的「中心細胞」在中間。

胎座 placenta

（現代拉丁文 *placenta* = 扁平的糕餅，源自希臘文 *plakoenta*，是 *plakoeis* 一詞的受格。*Plakoeis* = 扁平，與 *plax* 有關。*Plax* = 任何扁平的東西）：子房內的一個區域，胚珠在該處形成，並與親株保持連結（通常以珠柄相連），直到種子成熟。這個植物學名詞引用自動物和人類連結胚胎的類似構造。

原葉體 prothallus

（希臘文 *pro* = 在 … 之前、在前面 + *thallos* = 苗）：一種小型的單套（雄性、雌性或雌雄同體）配子體。原葉體在藻類、苔蘚、蕨類、擬蕨類和某些裸子植物上都發育得很好。原葉體是從單套體孢子發育而成，會產生藏卵器或藏精器，或兩者兼具。在被子植物中，雄配子體和雌配子體已經大幅簡化成花粉管和胚囊（不會形成藏卵器或藏精器），分別代表雄性和雌性的配子體。

核果 drupe

有肉質中果皮和堅硬的內果皮，會產生一或多顆果核的不開裂果實。

珠孔 micropyle

（希臘文 *mikros* = 小 + *pyle* = 大門）：胚珠頂端的開口，作用是讓花粉管穿過以抵達卵細胞的通道。

珠柄 funicle

（拉丁文 *funiculus* = 細長的繩子）：子房中胚珠或種子連接到胎座的柄。珠柄的功能就像「臍帶」，替發育中的胚珠與種子供應來自親株的水分與養分。

翅果 samara

（榆樹果實的拉丁文名稱）：有翅膀的堅果。

配子 gamete

（希臘文 *gametes* = 配偶）：單倍的雄性或雌性性

細胞。雄配子和雌配子在交配時會融合在一起。和孢子相反，配子唯有在和異性配子融合之後才能生出新個體或新世代。

配子體 gametophyte

（希臘文 *gametes* = 配偶 + *phyton* = 植物）：在植物的生命週期中，單倍體世代會產生配子。例如蕨類植物的原葉體，或是種子植物已萌發的花粉粒。

針葉樹 conifer

（拉丁文 *conus* = 毬果 + *ferre* = 帶有、長有）：裸子植物中的一個類群，通常以針狀或鱗狀的葉片來區分，且單性花長在毬果中。著名的針葉樹包括有松樹、雲杉和冷杉。

假種皮 aril

（拉丁文 *arillus* = 葡萄種子）：種子的可食性附屬體，裸子植物和被子植物的假種皮分別有不同來源。假種皮通常是提供給動物傳播者的一種可食性回饋。

動物傳播 zoochory

（希臘文 *zoon* = 動物 + *chorein* = 傳播）：由動物傳遞果實與種子。

堅果 nut

乾燥、熟時不開裂、通常只含一顆種子的果實，果皮緊靠著種子。

授粉綜合特徵 pollination syndrome

為適應特定的花粉傳播模式，像是由風、水或動物來傳粉而演化出的整套花朵特徵。

被子植物 angiosperms

（希臘文 *angeion* = 器皿、小容器 + *sperma* = 種子）：有部分種子植物（spermatophytes）會在封閉的可孕性葉片（心皮）中產生胚珠和種子；裸子植物（gymnosperms）則剛好相反，呈現裸露的胚珠和種子，「赤裸地」生長在可孕性葉片或是毬果鱗片上。根據胚中葉片（子葉）的數目，被子植物可以分成兩大類群，也就是單子葉植物和雙子葉植物。被子植物通常被稱為「開花植物」，不過某些裸子植物的繁殖器官也是長在符合花朵定義的構造中。

鳥類傳播 ornithochory

（希臘文 *ornis* = 鳥 + *chorein* = 傳播）；由鳥類傳播果實或種子。

麻黃目 Gnetales

裸子植物中的一個異質性類群，只有由三個屬組成的三個科（買麻藤屬、麻黃屬、千歲蘭屬），總共有 95 個種。

裂果 dehiscent fruit

成熟時會打開、把種子釋放到環境中的果實。

開花植物 anthophytes

（希臘文 *anthos* = 花 + *phyton* = 植物）：也就是「會開花的植物」，通常也當成被子植物的同義詞用。但開花植物中也包括有某些裸子植物，像類似蘇鐵但已滅絕的賽鳳尾蕉目（Bennettitales）、親緣關係相近的五柱木（*Pentoxylon*）和現今的麻黃目（Gnetales order，包括麻黃屬、買麻藤屬、與千歲蘭屬）。

開花植物 flowering plants

根據對「花」的定義不同，開花植物的意義也有地域性的差異。在歐洲大陸，這個詞包括了被子植物與裸子植物，在安格魯美洲與英國，則專指被子植物。就狹義的科學定義而言，「開花植物」是依照「顯花植物」來解釋的。

間接風力傳播 anemoballism

（希臘文 *anemos* = 風 + *ballistes*，來自 *ballein* = 丟）：一種傳播形式，繁殖體是間接受風力影響的對象，也就是說，風並不直接運送繁殖體，而是對果實產生影響。這些果實（大多是蒴果）通常都長在搖曳的柔韌長莖上，利用風力把繁殖體拋出去，例如荷花（*Nelumbonucifera*，蓮科）、虞美人（*Papaverrhoeas*，罌粟科）。

雄蕊 stamen

（拉丁文：*stamen* = 線）：被子植物製造花粉的器官，由頂端帶有可孕性花藥的不孕性花絲構成；每個花藥有四個花粉囊，內含花粉粒。

萼片 sepal

（新拉丁文 *skepe* = 蓋子、毯子）：某些花朵的外圈

花被和內圈花被不同，外圈的那一組花被就稱為萼片。全體萼片構成通常不顯眼的綠色花萼。

種子 seed

種子植物的器官，具保護功能的種皮裡包著胚和富含養分的組織。種子由胚珠發育而來，也是定義種子植物的器官。

種子植物 spermatophytes

（希臘文 *spermatos*＝種子＋*phyton*＝植物）：會產生種子的植物。種子植物包含兩大類群，裸子植物與被子植物。

蜜源標記 nectarguides

花朵上以線條、小色斑或大色塊形成的彩色圖案，可指引傳粉者找到花蜜與花粉。蜜源標記有些是人類肉眼可見的，有些以紫外線反射為基礎，所以人類看不到（蜜蜂和大部分昆蟲都看得到）。

蜜腺 nectaries

分泌花蜜用以吸引傳粉者的腺體。蜜腺通常位於花朵基部，或是在距裡面（如耬斗菜）。

裸子植物 gymnosperms

（希臘文 *gymnos*＝赤裸的＋*sperma*＝種子）：種子植物中一個性質不同的類群，胚珠生長在裸露的可孕性葉片上（針葉樹則是長在雌花鱗上），而不像被子植物是長在封閉的心皮裡。裸子植物內含三個關係疏遠的類群：針葉樹類（8科，69屬，630種），蘇鐵類（3科、11屬、292種），以及麻黃目（3科、3屬、95種）。

雌花器 gynoecium

（希臘文 *gyne*＝女人＋*oikos*＝房子）：一朵花的所有心皮，不論是合生或離生都包括在內。

雌蕊 pistil

（拉丁文 *pistillum*＝杵；暗指其外形）：有一或多個花柱與柱頭的個別子房，由一或多個心皮組成。這個詞在1700年由法國植物學家圖內福爾特首先使用。如今因為這個詞的意義不明確，所以科學家略去了這個用法，以雌花器（gynoecium）一詞取代。

蒴果 capsule

（拉丁文 *capsula, capsa* 代表「小」義的詞綴。*Capsa*＝盒子、小容器）：嚴格來說，是由兩個或兩個以上相連心皮組成的子房發育而成的開裂果實。

彈力傳播 ballistic dispersal

繁殖體透過直接或間接的投射機制傳播，例如因為風（間接風力傳播）或經過動物碰觸，讓果實爆裂，或者引起植物體某個部位的運動。

漿果 berry

果壁（果皮）完全為肉質的果實。

複果 compound fruit

由一朵以上的花所長成的果實。

螞蟻傳播 myrmecochory

（希臘文 *myrmex*＝螞蟻＋*chorein*＝傳播）：由螞蟻傳播種子或其他繁殖體。

隨水散布 hydrochory

（希臘文 *hydor*＝水＋*chorein*＝散播）：藉水力傳播植物的繁殖體。

隨風散布 anemochory

（希臘文 *amemos*＝風＋*chorein*＝散布）：以風來散布果實和種子。

繁殖體 diaspore

（希臘文 *diaspora*＝散布、散播）：植物中種子傳播的最小單位。繁殖體有可能是種子、複果或分離果的小果、整個果實，或甚至是幼苗（例如紅樹林植物）。

藏卵器 archegonium

（新拉丁文，源於希臘文*arkhegonos*＝後代；源於 *arkhein*＝開始＋*gonos*＝種子、生殖）：通常呈燒瓶狀，是雌性或雌雄同體配子體的多細胞雌性器官，負責製造並容納雌性的卵細胞。在苔蘚類、蕨類和擬蕨類中完全發育，但在裸子植物中很原始，被子植物則缺乏真正的藏卵器。

藏精器 antheridium

（拉丁文的小花藥；「花藥」指的是被子植物產生花粉的部位）：雄性或雌雄同體的配子體用來產生並容納雄性配子的雄性器官。一般來說，藏精器在苔蘚類、蕨類和擬蕨類中完全發育，但種子植物並不具備。

雙子葉植物 dicotyledons

（希臘文 *di*＝2＋子葉）：被子植物的兩大類群之一，區別是胚擁有兩片相對的葉片（子葉）。雙子葉植物的其他典型特徵包括有網狀葉脈、花器基數是四或五、維管束環形排列、從胚根持續發育的主根系統、還有次生厚壁組織（樹和灌木都有，但草本植物通常不具備）。長久以來雙子葉植物一直被視為單一整體，一直到最近才被分成兩大類群：木蘭分支（magnoliids）和真雙子葉植物分支（eudicots）。

鐵蒺藜 caltrop

一種有四個尖角的四面體結構，尖角的排列方式正好各指一個方向，所以不管如何著地，都有三角朝下、一角朝上。鐵蒺藜最初用來阻礙騎馬的追兵，後來證實它對輪胎也很有效。

植物圖例索引

毛茛科（Ranunculaceae）	*Cimicifuga americana* Michaux	美國升麻（American Bugbane, Mountain Bugbane, Summer Cohosh）68	北美東部
芸香科（Rutaceae）	*Citrus aurantium* L.	酸橙（Seville Orange, Bitter Orange）18	古代即已開始栽種；原產熱帶亞洲
芸香科（Rutaceae）	*Citrus hystrix* DC.	馬蜂橙（Kaffir Lime, Makrut）18, 19	印尼
芸香科（Rutaceae）	*Citrus margarita* Lour. (syn. *Fortunella margarita* (Lour.) Swingle)	金棗（Oval Kumquat）63	在亞洲已經栽培數百年，可能源於中國南方
毛茛科（Ranunculaceae）	*Consolida orientalis* (M. Gay ex Des Moul.) Schrödinger (syn. *Delphinium orientale* M. Gay ex Des Moul.)	飛燕草（Larkspur）114	西班牙；東南歐；其他地區地域性歸化
山茱萸科（Cornaceae）	*Cornus kousa* Hance subsp. *chinensis* (Osborn) Q.Y. Xiang	四照花（Chinese Dogwood）102, 103	中國中部與北方地區
金縷梅科（Hamamelidaceae）	*Corylopsis sinensis* Hemsl. var. *calvescens* Rehder & E.H.Wilson	禿蠟瓣花（Chinese Winter Hazel）85	中國
樺木科（Betulaceae）	*Corylus avellana* L.	歐洲榛（Hazel）38, 39	歐亞大陸
景天科（Crassulaceae）	*Crassula pellucida* L.	無中英文俗名 64	南非
殼斗科（Fagaceae）	*Cyclobalanopsis sichourensis* Hu	西疇青岡（Sichou oak）26	中國
薔薇科（Rosaceae）	*Cydonia oblonga* Mill.	榲桲、木瓜（Quince）32	古代即已開始栽培，可能源於土耳其與伊拉克北方，已歸化南歐地區
繖形科（Apiaceae）	*Daucus carota* L.	野胡蘿蔔（Wild Carrot, Queen Anne's Lace）91	歐洲與亞洲西南部
毛茛科（Ranunculaceae）	*Delphinium peregrinum* L.	飛燕草（Larkspur）8, 114	地中海中部與東部地區
毛茛科（Ranunculaceae）	*Delphinium requienii*, DC.	飛燕草（Larkspur）115	分布：法國南部、科西嘉與薩丁尼亞
車前草科（Plantaginaceae）	*Digitalis purpurea* L.	毛地黃（Purple Foxglove）124	西歐與北非
豆科（Leguminosae）	*Dinizia excelsa* Ducke	南美柚木（Angelim Vermelho）30	巴西、蓋亞那
豆科（Leguminosae）	*Dioclea* Kunth	海錢包（Sea Purse）82	熱帶美洲
冬木科（Winteraceae）	*Drimys winteri* J.R. Forst. & G. Forst.	冬木（Winter's Bark）30, 126, 127	智利、阿根廷
茅膏菜科（Droseraceae）	*Drosera capillaris* Poir.	粉紅毛氈苔（Pink Sundew）72	美國東部
茅膏菜科（Droseraceae）	*Drosera cistiflora* L.	岩茨花毛氈苔（Cistus-flowered Sundew）72	南非、西開普省地區
茅膏菜科（Droseraceae）	*Drosera natalensis* Diels	納塔爾毛氈苔（Natal Sundew）64	南非、莫三比克與馬達加斯加
鱗毛蕨科（Dryopteridaceae）	*Dryopteris filix-mas* (L.) Schott	歐洲鱗毛蕨（Male Fern）22, 24	溫帶北半球
蓼科（Polygonaceae）	*Emex australis* Steinh.	南方三棘果（Threecornerjack）94	原產南非、已入侵澳洲與其他地區
豆科（Leguminosae）	*Entada gigas* (L.) Fawc. & Rendle	大鴨腱藤（Sea Heart）82, 83	熱帶美洲與非洲
柳葉菜科（Onagraceae）	*Epilobium angustifolium* L.	柳蘭（Rosebay Willowherb, Fireweed）70	歐亞大陸、馬卡羅尼西亞與北美
石竹科（Caryophyllaceae）	*Eremogone franklinii* (Douglas ex Hooker) R. L. Hartman & Rabeler	富蘭克林無心菜（Franklin's Sandwort）133	北美
杜鵑花科（Ericaceae）	*Erica cinerea* L.	蘇格蘭歐石楠（Bell Heather）73	歐洲與北非
杜鵑花科（Ericaceae）	*Erica regia* Bartl.	歐石楠（Elim Heath）57	南非
大戟科（Euphorbiaceae）	*Euphorbia* L. sp. LEB 390	大戟（Spurge）99	黎巴嫩
大戟科（Euphorbiaceae）	*Euphorbia helioscopia* L.	澤漆（Sun Spurge）98	歐亞大陸與北非
大戟科（Euphorbiaceae）	*Euphorbia peplus* L.	葶艾類大戟（Petty Spurge）98, 99	歐亞大陸
大戟科（Euphorbiaceae）	*Euphorbia punicea* Sw.	牙買加猩猩木（Jamaican Poinsettia）12	牙買加
龍膽科（Gentianaceae）	*Eustoma grandiflorum* (Raf.) Shinners	洋桔梗（Lisianthus, Prairie Gentian）31	美洲與加勒比海地區
桑科（Moraceae）	*Ficus villosa* Blume	蔓榕（Villous Fig, Shaggy Fig）87	熱帶亞洲
鴨跖草科（Commelinaceae）	*Floscopa glomerata* (Willd. ex Schult. & Schult. f.) Hassk.	聚花草（無英文俗名）112	非洲
薔薇科（Rosaceae）	*Fragaria* x *ananassa* (Weston) Decne & Naudin	草莓（Garden Strawberry）62, 101	只見於人為栽培
木犀科（Oleaceae）	*Fraxinus ornus* L.	花白臘樹（Manna Ash）23	歐亞大陸

科	學名	中英文俗名	分布
菊科（Asteraceae）	*Galinsoga brachystephana* Regel	無中英文俗名 68	中美與南美
茜草科（Rubiaceae）	*Galium aparine* L.	豬殃殃（Stickywilly, Goosegrass, Sticky Bobs）89	歐亞大陸，美洲
金絲桃科（Clusiaceae）	*Garcinia arenicola* (Jum. & H. Perrier) P. Sweeney & Z.S. Rogers	無中英文俗名 27	馬達加斯加
菊科（Asteraceae）	*Gazania krebsiana* Less.	勳章菊（Terracotta Gazania）37	納馬誇蘭（南非）
銀杏科（Ginkgoaceae）	*Ginkgo biloba* L.	銀杏，公孫樹（Ginkgo, Maidenhair Tree）26	中國東部的孑遺植物
紫草科（Boraginaceae）	*Hackelia deflexa* (Opiz) **var.** *americana* (A. Gray) Fernald and I.M. Johnst.	美國假鶴虱（American Stickseed, Nodding Stickseed）88	北美
胡麻科（Pedaliaceae）	*Harpagophytum procumbens* DC. ex Meisn.	爪鉤草（Devil's Claw, Grapple Plant）95	南非，馬達加斯加
毛茛科（Ranunculaceae）	*Helleborus orientalis* Lam.	東方聖誕玫瑰（Lenten Rose）32, 43	希臘，土耳其
唇形科（Lamiaceae）	*Hemizygia transvaalensis* Ashby	假鼠尾草（Mpumalanga Sagebush）34	南非
錦葵科（Malvaceae）	*Heritiera littoralis* Aiton	銀葉樹（Looking-glass Mangrove）81, 82	舊世界熱帶地區
錦葵科（Malvac¢eae）	*Hibiscus mutabilis* L.	木芙蓉（Confederate Rose, Cotton Rosemallow, Dixie Rosemallow）9	原產中國與日本，已歸化美國南方
豆科（Leguminosae）	*Hippocrepis unisiliquosa* L.	馬蹄形野豌豆（Horse-shoe Vetch）14	歐亞大陸與非洲
夾竹桃科（Apocynaceae）	*Huernia hislopii* Turrill	海葵蘿藦（無英文俗名）55	非洲
大戟科（Euphorbiaceae）	*Hura crepitans* L.	沙盒樹（Sandbox Tree）26	南美洲與加勒比海地區
茜草科（Rubiaceae）	*Hymenodictyon floribundum* (Hochst. & Steud.) B.L. Rob	火灌木（Firebush）69	原產非洲
鳳仙花科（Balsaminaceae）	*Impatiens glandulifera* Royle	有腺鳳仙花（Himalayan Balsam）85	喜馬拉亞山區
鳳仙花科（Balsaminaceae）	*Impatiens tinctoria* A. Rich.	無中英文俗名 52	非洲
鳶尾科（Iridaceae）	*Iris decora* Wall.	尼泊爾鳶尾（Nepal Iris）135	喜馬拉亞地區（巴基斯坦至中國西南）
紫葳科（Bignoniaceae）	*Kigelia pinnata* (Lam.) Benth.	臘腸樹（Sausage Tree）58	熱帶非洲
刺球果科（Krameriaceae）	*Krameria erecta* Willd. ex Schult.	直立刺球果（Littleleaf Rhatany, Pima Rhatany）90	美國南部與墨西哥北部
列當科（Orobanchaceae）	*Lamourouxia viscosa* Kunth	無中英文俗名 76	墨西哥
唇形科(Lamiaceae)	*Leonurus cardiaca* L.	益母草（Motherwort）32	中亞
菊科（Asteraceae）	*Leucochrysum molle* (DC.) Paul G. Wilson	金紙菊（Hoary Sunray, Golden Paper Daisy）74, 75	澳洲
百合科（Liliaceae）	*Lilium speciosum* Thunb. **var.** *clivorum* Abe et Tamura	日本鹿子百合（Japanese Lily）28	日本
刺蓮花科（Loasaceae）	*Loasa chilensis* (Gay) Urb. & Gilg	智利刺蓮花（無英文俗名）76, 77	智利
棕櫚科（Arecaceae）	*Lodoicea maldivica* Pers.	海椰子、塞席爾堅果（Seychelles Nut, Coco-de-Mer）84	塞席爾群島（僅見於克瑞孜與普拉斯林）
石竹科（Caryophyllaceae）	*Lychnis flos-cuculi* L.	剪秋羅（Ragged Robin）132	歐亞大陸
錦葵科（Malvaceae）	*Malva sylvestris* L.	錦葵（Common Mallow）47	歐亞大陸
仙人掌科（Cactaceae）	*Mammillaria dioica* K. Brandegee	加州魚鉤仙人掌（California Fishhook Cactus）120, 121	墨西哥
茄科（Solanaceae）	*Markea neurantha* Hemsl.	無中英文俗名 40	墨西哥至巴拿馬，熱帶地區普遍栽培
豆科（Leguminosae）	*Medicago polymorpha* L.	苜蓿（Burclover, Toothed medick）93	歐亞大陸、北非
仙人掌科（Cactaceae）	*Melocactus zehntneri* (Britton & Rose Luetzelb)	恆星雲仙人掌（Turk's-cap Cactus）27	巴西
旋花科（Convolvulaceae）	*Merremia discoidesperma* (Donn. Sm.) O' Donnell	瑪莉豆、十字架豆（Mary's Bean, Crucifixion Bean）82	中美洲
豆科（Leguminosae）	*Mora megistosperma* (Pittier) Britton & Rose	毛拉豆木（Nato mangrove）84	熱帶美洲
川續斷科（Morinaceae）	*Morina longifolia* Wall. ex DC.	長葉刺續斷（Whorlflower）9	原產喜馬拉雅山區（從喀什米爾到不丹）
桑科（Moraceae）	*Morus nigra* L.	黑桑（Black Mulberry）106, 107	古早時代即已栽種；最早可能來自中國
豆科（Leguminosae）	*Mucuna urens* (L.) Medik.	漢堡豆（Hamburger Bean, Horse-eye Bean）82, 83	中美與南美
肉荳蔻科（Myristicaceae）	*Myristica fragrans* Houtt.	肉荳蔻（Nutmeg）108	印尼（摩鹿加群島）
車前草科（Plantaginaceae）	*Nemesia versicolor* E. Mey. ex Benth.	里悠貝琪（Leeubekkie, 原名為斐語）68	南非，開普省東部
石蒜科（Amaryllidaceae）	*Nerine bowdenii* S. Watson	無中英文俗名 28	南非
毛茛科（Ranunculaceae）	*Nigella damascena* L.	黑種草（Love-in-a-mist, Devil-in-the-bush [US]）128, 129	地中海地區
棕櫚科（Arecaceae）	*Nypa fruticans* Wurmb	水椰子（Nipa Palm, Mangrove Palm）80	南亞至澳洲北部，已歸化西非與巴拿馬
蘭科（Orchidaceae）	*Ophrys apifera* Huds.	蜂蘭（Bee Orchid）45	原產中歐與南歐（包括英國）以及北非
夾竹桃科（Apocynaceae）	*Orbea lutea* (N. E. Br.) Bruyns	蘿藦（無英文俗名）44	非洲南部
風信子科（Hyacinthaceae）	*Ornithogalum dubium* Houtt.	橙花天鵝絨（Yellow Star-of-Bethlehem）130	南非、開普省西部
列當科（Orobanchaceae）	*Orobanche* sp.	列當（Broomrape）73	採集於希臘
列當科（Orobanchaceae）	*Orthocarpus luteus* Nutt.	黃梟三葉草（Yellow Owl's Clover）27	北美

科名	學名	中英文俗名	原產地
野牡丹科（Melastomataceae）	Osbeckia crinita Benth.	假朝天罐（無英文俗名）22	原產亞洲東部
罌粟科（Papaveraceae）	Papaver rhoeas L.	虞美人（Corn Poppy, Field Poppy）23, 79	歐洲大陸與北非
豆科（Leguminosae）	Pararchidendron pruinosum（Benth.）I.C. Nielsen	白雪木（Snow Wood, Monkey's Earrings）110	澳洲東部、新幾內亞及馬來群島
梅花草科（Parnassiaceae）	Parnassia fimbriata K.D. Koenig var. fimbriata	流蘇梅花草（Fringed Grass-of-Parnassus）122, 123	北美
泡桐科（Paulowniaceae）	Paulownia tomentosa（Thunb.）Steud.	毛泡桐（Princess Tree）71	原產中國，已廣泛栽培
錦葵科（Malvaceae）	Pavonia spinifex（L.）Cav.	鉤刺芙蓉（Gingerbush）22	熱帶美洲
山龍眼科（Proteaceae）	Persoonia mollis R.Br.	無中英文俗名 34	澳洲
苦樹科（Picrodendraceae）	Petalostigma pubescens Domin	奎寧木（Quinine Bush）97	馬來群島與澳洲北部及東部
商陸科（Phytolaccaceae）	Phytolacca acinosa Roxb.	商陸（Indian Pokeweed）45	東亞（中國至印度）
松科（Pinaceae）	Pinus radiata D. Don	放射松（Monterey Pine）39	加州
禾本科（Poaceae）	Poa trivialis L.	粗莖早熟禾（Rough Meadow Grass）38, 39	原產歐亞大陸與北非
遠志科（Polygalaceae）	Polygala arenaria Oliv.	沙遠志（Sand Milkwort）99	熱帶非洲
角胡麻科（Martyniaceae）	Proboscidea altheifolia（Benth.）Decne.	金魔鬼爪（Golden Devil's Claw, Desert Unicorn-plant, Yuca de Caballo）94	美國南方與墨西哥
薔薇科（Rosaceae）	Prunusdulcis（Mill.）D.A.Webb（syn. Prunus amygdalus Batsch）	杏仁（Almond）20, 21	西亞（黎凡特地區）
薔薇科（Rosaceae）	Prunus persica（L.）Batsch **var.** persica	桃（Peach）104, 105	起源於中國，已廣泛栽培
毛茛科（Ranunculaceae）	Ranunculus acris L.	金鳳花（Meadow Buttercup）23	歐亞大陸
毛茛科（Ranunculaceae）	Ranunculus parviflorus L.	小花毛茛（Small-flowered Buttercup）131	歐洲西部與地中海地區，已歸化其他溫帶地區
毛茛科（Ranunculaceae）	Ranunculus pygmaeus Wahlenb.	小毛茛（Pygmy Buttercup, Dwarf Buttercup）131	北歐、阿爾卑斯山東部、喀爾巴阡山西部、北美
杜鵑花科（Ericaceae）	Rhododendron cv. 'Naomi Glow'	杜鵑（Rhododendron）42	栽培變異
薔薇科（Rosaceae）	Rubus phoenicolasius Maxim.	多腺懸鉤子（Japanese Wineberry, Wineberry）100	中國北方、韓國、日本；栽種於歐洲與北美
菊科（Asteraceae）	Rudbeckia hirta 'Prairie Sun'	黑心菊（Rudbeckia）46	栽培變異
楊柳科（Salicaceae）	Salix caprea L.	黃花柳（Pussy Willow）16	歐亞大陸
唇形科（Lamiaceae）	Salvia dorisiana Standl.	水果鼠尾草（Fruit-scented Sage）34	宏都拉斯
虎耳草科（Saxifragaceae）	Saxifraga umbrosa L.	耐陰虎耳草（London Pride）72	局限分布於庇里牛斯
川續斷科（Dipsacaceae）	Scabiosa crenata Cyr.	無中英文俗名 71	地中海地區中部與東部
卷柏科（Selaginellaceae）	Selaginella lepidophylla（Hook. & Grev.）Spring	鳥巢卷柏（False Rose of Jericho, Flower of Stone）25	奇瓦瓦沙漠（美國、墨西哥）
石竹科（Caryophyllaceae）	Silene dioica（L.）Clairv.	紅石竹（Red Campion）49, 78, 79	歐洲
石竹科（Caryophyllaceae）	Silene gallica L.	匙葉麥瓶草（Small-flowered Catchfly）64	歐亞大陸與北非
石竹科（Caryophyllaceae）	Silene maritima With.	海濱麥瓶草（Sea Campion）64	歐洲
石竹科（Caryophyllaceae）	Spergularia media（L.）C. Presl.	擬漆姑草（Greater Sea-spurrey, Greater Sand-spurrey）68	歐亞大陸與北非
石竹科（Caryophyllaceae）	Spergularia rupicola Lebel ex Le Jolis	岩海大爪草（Rock Sea-spurrey）72	歐洲
蘭科（Orchidaceae）	Stanhopea tigrina Bateman ex Lindl.	老虎蘭（Tiger-like Stanhopea）73	墨西哥東部至巴西
石竹科（Caryophyllaceae）	Stellaria holostea L.	復活節鐘草（Greater Stitchwort）35	歐洲
石竹科（Caryophyllaceae）	Stellaria pungens Brogn.	刺繁縷（Prickly Starwort）65	澳洲
罌粟科（Papaveraceae）	Stylophorum diphyllum（Michx.）Nutt.	金罌粟（Poppywort, Celandine Poppy）99	美國東部
豆科（Leguminosae）	Swainsona formosa J. Thomps.	澳洲沙漠豆（Sturt's Desert Pea）15	澳洲
紫草科（Boraginaceae）	Symphytum officinale L.	康富力（Comfrey）38	歐洲
山龍眼科（Proteaceae）	Telopea speciosissima（Sm.）R. Br.	紅火球帝王花（Waratah）57	澳洲（新南威爾斯）
吉羅斯推蒙科（Gyrostemonaceae）	Tersonia cyathiflora（Fenzl）A.S. George ex J.W. Green	蔓紐扣（Button Creeper）98	澳洲，西部澳洲
虎耳草科（Saxifragaceae）	Tolmiea menziesii（Hook.）Torr. & A. Gray	駄子草（Piggyback Plant, Youth-on-age, Mother-of-thousands）72	美國，俄勒岡
五加科（Araliaceae）	Trachymene ceratocarpa（W.Fitzg.）Keighery & Rye	刺果翠珠花（Creeping Carrot）93	澳洲
蒺藜科（Zygophyllaceae）	Tribulus terrestris L.	蒺藜（Puncture Vine, Caltrop, Devil's Thorn）95	原產舊世界
紫草科（Boraginaceae）	Trichodesma africanum（L.）Lehm.	非洲假酸漿（無英文俗名）125	北非，以及從阿拉伯半島到伊朗
瓜科（Cucurbitaceae）	Trichosanthes cucumerina L.	蛇瓜（Snake Gourd）53	亞洲
胡麻科（Pedaliaceae）	Uncarina sp.	艷桐草（無英文俗名）94	採集於馬達加斯加
敗醬科（Valerianaceae）	Valerianella coronata（L.）DC	無中英文俗名（字面意義為「冠野苣」）71	中歐與南歐、北非、土耳其，亞洲西南與中

致謝

太多人直接或間接地提供了超級豐富的標本、知識與點子作為這本書的素材。我們大概沒辦法列出這幾十年來所有辛勤觀察與出版著作，因而揭露了植物生命中這麼多神奇事實的科學家，也沒辦法列出所有發現、蒐集或栽植了本書中所有影像植物本尊的人，但我們還能夠、也應該要特別提一提的，是以下的同事朋友們：

感謝我們的出版商，已故的安卓亞·帕帕達奇斯（Andreas Papadakis），謝謝他在我們準備前面三本書時給我們的自由、啟發與大力支持；我們也要謝謝他的女兒 Alexandra，她用極富創意的眼光讓這本精彩的新書問世，並將文字與影像以如此具有視覺張力的方式在書中作融合。

我們無限感激英國皇家邱植物園所提供的獨特機會，讓我們得以發展出這本最新作品；特別感謝現任與前任的園長 Stephen Hopper 和 Peter Crane 爵士、皇家邱植物園種子保育學門（Seed Conservation Department，簡稱 SCD）的主任 Paul Smith、以及 John Dickie（種子保育學門）長期支持沃夫岡·史都匹的研究。我們欠種子保育學門所有工作人員甚多，還有千禧年種子庫計畫在世界各地的許多夥伴，因為他們對這些傑出的種子與果實蒐藏都有卓越貢獻，本書中所使用的素材，有許多都是來自這些蒐藏。

千禧年種子庫計畫是由英國千禧年委員會（UK Millennium Commission）和衛爾康信託（Wellcome Trust）所贊助。英國皇家邱植物園每年也會得到來自英國環境、食物與農業事務部（Department of Environment, Food and Rural Affairs）的補助。

倫敦藝術大學（University of the Arts London）以及中央聖馬汀藝術設計學院從 1999 年計劃開始的時候，就持續支持羅伯·凱斯勒的工作，因此也扮演了重要的角色。我們要特別謝謝 Jane Rapley OBE（學院院長），Jonathan Barratt（平面設計與商業設計系系主任）、Kathryn Hearn（學士陶藝設計課程主任），及其他對我們的作品多所肯定的同事們。國家科學藝術基金會（NESTA, The National Endowment for Science Technology and the Arts）為成員提供了適時的協助，我們才能在 Alex Barclay 熱心的指導下出版了第一本作品（花粉）。

我們深深感謝 Stephen Blackmore（愛丁堡植物園欽定園長）對《花粉，花朵的秘密性生活》一書的早期版本加以針砭，也要感謝 Richard Bateman, Paula Rudall 和 Richard Spjut 對《種子——生命的時間膠囊》與《水果——能吃不能吃，種種大驚奇》這兩本書原稿的仔細審閱。

在邱植物園，我們要感謝標本館的豆科與棕櫚科部門成員，因為他們與我們分享所知，讓我們接觸他們的蒐藏。在僑佐爾實驗室，我們要謝謝微型態學學門主任 Paula Rudall，感謝她允許我們使用掃描式電子顯微鏡（SEM）和輔助設備；也要謝謝 Chrissie Prychid 和 Hannah Banks 在技術上的支援。在種子保育學門，我們也要謝謝策展單位成員的善心支持。

我們要謝謝邱植物園多位目前與先前的同事，在我們碰到難題時慷慨地提供了他們的專業協助，或提供特別像是照片等重要材料，來支持我們。特別是：John Adams（種子保育學門）、Steve Alton（種子保育學門）、Bill Baker（標本館）、Mike Bennett（僑佐爾實驗室前任管理員）、David Cooke（園藝與公共教育部門）、Tom Cope（標本館）、Peter Crane 爵士（皇家邱植物園前任任主任，目前擔任耶魯大學林業與環境研究學院院長）、Matthew Daws（以前在種子保育學門，目前在力拓集團）、John Dickie（種子保育學門）、John Dransfield（標本館）、Laura Giuffrida（園藝與公共教育部門）、Anne Griffin（圖書館）、Phil Griffiths（園藝與公共教育部門）、Tony Hall（已退休，原本任職於園藝與公共教育部門，目前在皇家邱植物園研究協會）、Chris Haysom（園藝與公共教育部門）、Steve Hopper（皇家邱植物園園長）、Kathy King（園藝與公共教育部門）、Tony Kirkham（園藝與公共教育部門）、Ilse Kranner（種子保育學門）、Gwilym Lewis（標本館）、Mike Marsh（園藝與公共教育部門）、Mark Nesbitt（經濟植物學中心）、Simon Owens（標本館前任管理員）、Grace Prendergast（微體繁殖）、Hugh Pritchard（種子保育學門）、Chrissie Prychid（僑佐爾實驗室）、Brian Schrire（標本館）、Wesley Shaw（園藝與公共教育部門）、Nigel Taylor（園藝與公共教育部門負責人）、Janet Terry（種子保育學門）、James Wood（現在任職於塔斯馬尼亞皇家植物園）、Elly Vaes（種子保育學門）、Suzy Wood（種子保育學門）以及 Daniela Zappi（標本館）。

在野外方面的協助，我們要特別感謝澳洲的 Sarah Asmore, Phillip Boyle, Andrew Crawford, Richard Johnstone, Andrew Orme, Andrew Pritchard 和 Tony Tyson-Donnelly；墨西哥的 Ismael Calzada 和 Ulises Guzmán；還有美國德州的 Michael Eason 和 Patricia Manning。在南非，我們要特別感謝 Ernst van Jaarsveld 和 Anthony Hitchcock（開普敦的科斯坦柏許植物園），謝謝他們的時間、熱情招待，並讓我們拍攝他們的蒐藏品；在澳洲柏斯國王公園與植物園、哲朗植物園、庫薩山的布利斯班植物園、墨爾本的皇家植物園、雪梨皇家植物園，還有新南威爾斯的安南山植物園等機構的工作人員，謝謝他們招待，並允許我們拍攝他們蒐藏的植物。在紐西蘭，WS 要謝謝他的朋友兼同事 Trevor James，在拜訪他的國家進行野外工作時，謝謝他的招待與陪伴，也謝謝他協助拍攝提多奇樹（*Alectryon excelsus*）的果實。

在帕帕達奇斯我們要謝謝 Sheila de Vallée 和 Sarah Roberts 編輯內文，以及 Naomi Doerge 在本書製作方面的大力協助。